Farbatlas

Waldschäden
Diagnose von Baumkrankheiten

Farbatlas

Waldschäden
Diagnose von Baumkrankheiten

Günter Hartmann
Franz Nienhaus
Heinz Butin

3., neu bearbeitete und erweiterte Auflage

658 Farbfotos

Ulmer

Dr. Günter Hartmann, ehem. Mitarbeiter als Forstpathologe an der Abteilung Waldschutz der Nordwestdeutschen Forstlichen Versuchsanstalt, Göttingen
Prof. Dr. Franz Nienhaus, ehem. Leiter der Abteilung Virologie, Institut für Pflanzenkrankheiten, Universität Bonn
Prof. Dr. Heinz Butin, ehem. Leiter des Instituts für Pflanzenschutz im Forst der Biologigischen Bundesanstalt für Land- und Forstwirtschaft, Braunschweig

Umschlagfotos:
Unten: fortgeschrittene Buchenrindennekrose, Seite 141
Links oben: Fruchtkörper des Pilzes *Neonectria coccinea* in Buchenrinde, Seite 140
Rechts oben: Laubnutzholzborkenkäfer (*Trypodendron domesticum*), Seite148; Aufn.: Nordwestdt. Forstl. VA und Inst. für wissenschftl. Film, Göttingen
Rückseite links: Kiefernbraunporling (*Phaeolus spadiceus*), Seite 87
Rückseite rechts: Zweizähniger Kiefernborkenkäfer (*Pityogenes bidentatus*), Seite 81
Seite 5:
Links: „Montane Vergilbung" der Fichte durch Magnesium-Mangel, Seite 22
Rechts: Schleimfluss an Buche durch Phytophthora-Wurzelhalsfäule, Seite 156

Bibliografische Information der Deutschen Nationalbibliothek
Die Deutsche Bibliothek verzeichnet diese Publikation in der Deutschen Nationalbibliografie; detaillierte bibliografische Daten sind im Internet über http://dnb.ddb.de abrufbar.

Wollgrasweg 41, 70599 Stuttgart (Hohenheim)
E-Mail: info@ulmer.de
Internet: www.ulmer.de
Umschlaggestaltung: Atelier Reichert, Stuttgart
Lektorat: Werner Baumeister
Herstellung: Thomas Eisele
Satz: Typomedia GmbH, Ostfildern
Umbruch: Verlagsbüro Högerle, Horb
Druck und Bindung: Offizin Andersen Nexö, Zwenkau
Printed in Germany

ISBN 978-3-8001-4828-8

Inhaltsverzeichnis

Einleitung 6
Zur Benutzung des Buches 8
Erklärung von Fachbegriffen 10

Bildquellen 245
Literatur 247
Register 260

Krankheiten und Schäden an Nadelbäumen 15
Fichte *(Picea)* 15
Kiefer *(Pinus)* 49
Tanne *(Abies)* 89
Lärche *(Larix)* 99
Douglasie *(Pseudotsuga)* 108

Krankheiten und Schäden an Laubbäumen 123
Rotbuche *(Fagus)* 123
Eiche *(Quercus)* 158
Ahorn *(Acer)* 191
Esche *(Fraxinus)* 200
Ulme *(Ulmus)* 207
Vogelkirsche *(Prunus)* 210
Linde *(Tilia)* 214
Hainbuche *(Carpinus)* 218
Birke *(Betula)* 220
Eberesche, Speierling, Elsbeere *(Sorbus)* 225
Erle *(Alnus)* 228
Pappel *(Populus)* 235

Einleitung

Bäume reagieren auf Infektionen durch Krankheitserreger, Schädlingsbefall oder Belastung durch ungünstige Umwelteinflüsse zunächst mit physiologischen Veränderungen. Mit fortschreitender Schädigung treten früher oder später als sichtbare Krankheitserscheinungen auch Symptome auf. Die Symptomanalyse, d. h. die sorgfältige Beurteilung möglichst aller an Krone, Stamm und Wurzel auftretenden Symptome führt oft schon im Gelände, ohne weitere Laboruntersuchung, zur Feststellung der Schadursachen.

Allerdings ist die Fähigkeit der Bäume, auf die Vielfalt möglicher Schadursachen mit verschiedenen, ursachenspezifischen Symptomen zu reagieren, von Natur aus begrenzt. Ein Teil der Symptome ist daher, isoliert betrachtet, weitgehend unspezifisch. Dies gilt vor allem für fortgeschrittene, späte Erkrankungsstadien und ganz besonders für bereits völlig abgestorbene Bäume. Wichtig für die Diagnose ist daher die Beobachtung der Frühstadien, die meist differenziertere und spezifischere Merkmale zeigen. Darüber hinaus können im Gelände auch die Umstände des Auftretens, z. B. die zeitliche Abfolge in Bezug zu krankheitsauslösenden Ereignissen oder die räumliche Verteilung der Symptome im Bezug zu den Standorteigenschaften, weitere Hinweise auf mögliche Ursachen geben.

Wo die Aussagefähigkeit der Symptomanalyse im Gelände nicht ausreicht, muss sie durch Laboruntersuchungen ergänzt werden. Dazu gehören unter anderem die mikroskopische Bestimmung von Schadorganismen, die chemische Analyse von Nähr- und Schadstoffgehalten sowie die Jahrringanalyse zur Erfassung des zeitlichen Ablaufs und der Vorgeschichte einer Erkrankung. Solche Methoden sind vor allem erforderlich zur Diagnose der für Bäume typischen, langfristigen Krankheitsprozesse, die sich über Jahre oder ein Jahrzehnt erstrecken können, wobei verschiedene prädisponierende, auslösende, verstärkende und begleitende Faktoren gleichzeitig oder nacheinander in komplexer Weise einwirken. Als derartige Komplexerkrankungen werden neben den seit langem bekannten, durch natürliche Schadfaktoren ausgelösten Krankheiten, wie z. B. Eichensterben und Buchenrindennekrose auch die neuartigen, wesentlich immissionsbedingten Waldschäden aufgefasst.

Ihre Symptome sind auf wenige, meist unspezifische Merkmale beschränkt und können daher durch die Symptomanalyse im Gelände alleine nicht sicher diagnostiziert werden.

Daneben gibt es in unseren Wäldern von jeher eine Fülle von spezifischen Schadbildern mit lange bekannten, natürlichen oder anthropogenen, jedenfalls eindeutig bestimmbaren Ursachen. Bei der Beurteilung und wissenschaftlichen Analyse der derzeitigen Waldschäden stellt sich hinsichtlich der äußerlich sichbaren Schäden vor allem die Frage, inwieweit neuartige Schadbilder auftreten oder bekannte Symptome häufiger oder in abgewandelter Form erscheinen. Eine Voraussetzung zur Beantwortung solcher Fragen ist

eine möglichst umfassende Kenntnis bisher bekannter Schadbilder. Wenn auch zur sicheren Diagnose in vielen Fällen nicht auf eine Laboruntersuchung verzichtet werden kann, so spielt doch die Symptomanalyse im Gelände eine wichtige und oft ausschlaggebende Rolle. Dazu soll der Farbatlas Waldschäden als Hilfsmittel dienen.
Er wurde in der vorliegenden dritten Auflage inhaltlich erneut erweitert, aktualisiert und überarbeitet, ohne dabei den Gesamtumfang zu vergrößern. Nachdem die erste Auflage nur äußerlich sichtbare Symptome enthielt, wurden in der zweiten Auflage auch innere Schäden, vor allem Holzfäulen, neu aufgenommen. Die Erweiterungen der dritten Auflage erstrecken sich unter anderem auf die neu aufgenommene Baumart Erle sowie auf die an dieser und anderen Baumarten z. T. neuen Erkrankungen durch die pilzähnlichen Phytophthora-Arten, deren großes Schädigungspotential sich erst neuerdings abzeichnet. Außerdem wurden Insektenschäden, besonders durch die nach wie vor sehr wichtigen Borkenkäfer, neu aufgenommen. Dazu standen Borkenkäferfotos in bisher nicht veröffentlichter Qualität zur Verfügung, die durch Zusammenarbeit der Nordwestdeutschen Forstlichen Versuchsanstalt, Abteilung Waldschutz, mit dem Institut für Wissenschaftlichen Film in Göttingen und dem BBA-Institut für Pflanzenschutz im Forst in Braunschweig entstanden sind.
Insgesamt werden an 19 Gattungen oder Arten einheimischer Waldbäume 300 Krankheiten und Schäden mit insgesamt 658 Einzelbildern dargestellt. Damit bietet die dritte Auflage einen wiederum erweiterten Überblick über wichtige, häufige oder auffällige Schäden aus allen Ursachenbereichen. Das Buch soll einem breiten Benutzerkreis besonders im Freiland als Bestimmungshilfe zum Erkennen von Waldschäden nach einfachen, vorwiegend äußerlich sichtbaren Merkmalen dienen. Derartige Kenntnisse werden nicht nur von Forstleuten benötigt, sondern von allen, die am Gesundheitszustand der Wälder interessiert sind und sich an der Diskussion darüber beteiligen.
Bei der Neuauflage haben uns wiederum viele Kollegen unterstützt, vor allem durch Überlassung von Bildern (Bildquellen Seite 245). Dafür danken wir allen Beteiligten, besonders der Abteilung Waldschutz der Nordwestdeutschen Forstlichen Versuchsantalt, Göttingen. Besonderer Dank gilt auch dem Verlag für die großzügige und gewohnt sorgfältige Ausstattung des Buches, vor allem mit zahlreichen neuen Bildern.

Göttingen, Bonn, Wolfenbüttel
Sommer 2007

Die Verfasser

Zur Benutzung des Buches

Der Farbatlas Waldschäden soll dem Benutzer die Möglichkeit geben, an Waldbäumen beobachtete Krankheitserscheinungen durch Vergleich mit Abbildungen und kurzem, beschreibendem Text im Gelände zu bestimmen. Dabei sind folgende allgemeine Gesichtspunkte zu beachten:

– Viele Symptome sind in ihrer typischen Ausprägung nur zu **bestimmten Jahreszeiten** zu sehen, worauf im Abbildungstext hingewiesen wird. Die Beachtung solcher Hinweise kann für den Bestimmungserfolg entscheidend sein; evtl. kann ein mehrmaliges Aufsuchen des zu beurteilenden Baumes notwendig sein.

– Zu den spezifischen Merkmalen einer Erkrankung gehören meist mehrere verschiedenartige **Einzelsymptome**. Diese erlauben, einzeln betrachtet, oft noch keine sichere Bestimmung, wohl aber in ihrer **Gesamtheit**, dem für die Krankheit typischen Syndrom. Hierzu gehört neben der Art auch die Häufigkeit der Symptome und ihre Verteilung am einzelnen Baum und im Bestand sowie auffällige Begleiterscheinungen und andere Umstände ihres Auftretens. Man versuche daher, möglichst viele Merkmale am erkrankten Baum und in seiner Umgebung in die Beurteilung einzubeziehen. Dementsprechend sind in den Abbildungen für eine Reihe von Krankheiten jeweils mehrere Einzelsymptome bzw. Stadien wiedergegeben oder im Text erwähnt.

– Bestimmte Merkmale werden nur bei Beobachtung ganzer Bäume oder Bestände aus der zur Übersicht nötigen **Entfernung** deutlich, andere dagegen erfordern die Betrachtung einzelner Pflanzenteile aus der **Nähe**. Zur Bestimmung soll daher ein mindestens achtfach vergrößerndes Fernglas sowie eine ebenso starke Lupe zur Verfügung stehen. Die Abbildungen enthalten dementsprechend, wo erforderlich und möglich, Übersichts- und Nahaufnahmen derselben Erkrankung.

– Zur Untersuchung von Schadbildern, die äußerlich nicht ohne weiteres erkennbar sind, z.B. **Bastnekrosen in dickborkiger Rinde oder Fäulen und Verfärbungen im Holz** von Stamm und Ästen sind besondere Maßnahmen erforderlich. So können Rindennekrosen oft erst nach dem Entfernen der Borke mit Reißhaken, Beil, Schäleisen oder ähnlichem sichtbar gemacht werden. Holzfäulen und -verfärbungen lassen sich am besten an Querschnitten gefällter Bäume beim Einschlag beurteilen. Geeignet sind auch gebrochene Stämme und Stubben.

– Das Erkennen der **sehr kleinen**, oft weniger als 1 mm großen **Pilzfruchtkörper** auf befallenen Nadeln, Blättern oder Rindennekrosen wird erleichtert durch vorheriges **Befeuchten** der Objekte, wodurch die im Wirtsgewebe oft verborgenen Fruchtkörper quellen und deutlicher hervortreten. Bei Lupenvergrößerung ist dann allerdings nur ihr Vorkommen zu bestätigen. Eine weitergehende Bestimmung erfordert mikroskopische Untersuchung. An Stammscheiben mit Holzfäulen lässt sich durch mehrtägige Feuchtlagerung bei Zimmertemperatur z.T. das Auswachsen charakteristisch gefärbter Myzelien oder Fruchtkörper der verursachenden Pilze aus dem Holz erreichen (s. Abb. 144).

Das **Bildmaterial** ist zunächst nach den Baumgattungen bzw. -arten geordnet, an denen die Symptome beobachtet werden. Dabei haben wir folgende Reihenfolge gewählt:

Nadelbäume:	
Fichte	(*Picea*)
Kiefer	(*Pinus*)
Tanne	(*Abies*)
Lärche	(*Larix*)
Douglasie	(*Pseudotsuga menziesii*)

Laubbäume:	
Rotbuche	(*Fagus sylvatica*)
Eiche	(*Quercus*)
Ahorn	(*Acer*)
Esche	(*Fraxinus*)
Ulme	(*Ulmus*)
Vogelkirsche	(*Prunus avium*)
Linde	(*Tilia*)
Hainbuche	(*Carpinus*)
Birke	(*Betula*)
Eberesche	(*Sorbus aucuparia*,
Speierling	*Sorbus torminalis*,
Elsbeere	*Sorbus domestica*)
Erle	(*Alnus*)
Pappel	(*Populus*)

Innerhalb der genannten Gattungen bzw. Arten sind die Schadbilder vorwiegend nach
- betroffenen Organen und
- Ähnlichkeit der Symptome

angeordnet. Diese Einteilung geht bewusst nicht von einer Gliederung nach den Ursachen der Schäden aus, sondern ist, entsprechend dem Zweck der Differentialdiagnose bemüht, äußerlich ähnliche Symptome mit unterschiedlichen Ursachen, einander möglichst direkt gegenüberzustellen.
Den einzelnen Baumgattungen bzw. -arten ist jeweils eine nach diesen Gesichtspunkten gegliederte **Übersicht behandelter Schäden** vorangestellt.

Die **Abbildungstexte** wurden zugunsten möglichst zahlreicher Bilder auf engsten Raum begrenzt, dienen vorwiegend der Charakterisierung der Symptome und enthalten folgende Angaben:
EM: Beschreibung der typischen, mit bloßem Auge, mit einer Lupe (Hinweis: Lupe) oder in Ausnahmefällen mikroskopisch (Hinweis: Mikro) sichtbaren **Erkennungsmerkmale**. Die Angabe „chemische Analyse“ verweist auf die Möglichkeit oder Notwendigkeit der Bestimmung von Nähr- und Schadstoffgehalten in Nadeln bzw. Blättern zur sicheren Diagnose. Die Gehalte werden in mg/kg oder % der Trockenmasse (TM) angegeben und, soweit möglich, mit Werten aus der Literatur für Normalgehalte oder Grenzwerte für das Auftreten von Symptomen verglichen.
VM: Hinweise auf **Verwechselungsmöglichkeiten** mit ähnlichen Schäden, z. T. mit Differentialmerkmalen.
B: Bemerkungen über die **Umstände und Bedingungen des Auftretens** der Schäden sowie zu deren **Ursachen**.
LIT: Hinweise auf allgemeine oder spezielle **Literatur**, die im Literaturverzeichnis (S. 247 ff.) zusammengestellt ist.

FAG: Hinweis auf ergänzende Abbildungen im „Farbatlas Gehölzkrankheiten“ von Butin, H., Nienhaus, F., Böhmer, B., Ulmer 2003.

Erklärung von Fachbegriffen

Abhieb: Stelle am Stammfuß, an der beim Fällen der Fällschnitt gesetzt wird.
Absturz, -zähne: Steil abfallendes Hinterende von Borkenkäfern, z.T. mit arttypischen „Zähnen“ und Höckern.
Acervuli: Ungeschlechtliche, in das Wirtsgewebe flach eingebettete Fruchtkörper parasitischer Pilze.
Äcidien: Meist lebhaft gefärbte, becherförmige Sporenlager der Rostpilze mit zweikernigen Äcidiosporen.
Akute/chronische (Immissions-) schädigung: *Akute* Schädigung in der Nähe von Emittenten bei hohen Schadstoffkonzentrationen und deutlichen bis starken Symptomen;
Chronische Schädigung (Belastung) besonders in größerer Entfernung von Emittenten durch anhaltende, niedrige Konzentrationen der Schadstoffe, die sich aber in Pflanzen und Boden anhäufen und zu unspezifischen Symptomen führen, z. B. zu leichter Verfärbung, Wuchshemmung, vorzeitiger Alterung, erhöhter Empfindlichkeit für andere Schadeinflüsse. Entsprechendes gilt auch für Langzeitbelastungen geringer Intensität durch Klima und Standort.
Alterung: Durch belastende Umwelteinflüsse beschleunigte Seneszenz (s. dort und z. B. Abb. 2).
Ambrosia-Pilze: Von Insekten, z. B. holzbrütenden Käfern in ihren Gängen zur Ernährung ihrer Larven gezüchtete Pilze verschiedener Ordnungen.
Apothecien: Kleine, teller- oder becherförmige, geschlechtliche Fruchtkörper (Hauptfruchtform) von Ascomyceten (vgl. Acervuli).
Ascomyceten: Schlauchpilze; sporenbildende Schicht (Hymenium) mit schlauch- oder sackförmigen Sporenbehältern (Asci), in denen die geschlechtlichen Ascosporen entstehen.
Basidiomyceten: Ständerpilze; sporenbildene Schicht (Hymenium) mit Ständerzellen (Basidien), an denen die geschlechtlichen Basidiosporen entstehen.
Biotisch/abiotisch bedingte Schäden: Entstehung durch mikrobielle, pflanzliche oder tierische Verursacher bzw. durch unbelebte Schadfaktoren z. B. Witterungsextreme und Immisssionen.
Braunfäule: Holzzersetzung durch Basidiomyceten, besonders Porlinge, bei der bevorzugt Zellulose und Hemizellulose abgebaut wird und ein (dunkel-) brauner, längs- und querrissiger, würfelförmig brechender Rückstand entsteht (vgl. Weiß- und Moderfäule).
Chlorose: Gelbliche bis grünweiße Verfärbung von Nadeln und Blättern im Zusammenhang mit Chlorophyllabbau, Degeneration der Chloroplasten und deren verminderter Neubildung.
Deuteromyceten (Imperfekte Pilze): Nebenfruchtformen mit unbekannter oder zu den Ascomyceten gehörender Hauptfruchtform; sterile Myzelien.
Endophytische Pilze: In pflanzlichem Gewebe, z. B. in Blättern meist symptomlos, möglicherweise symbiontisch lebend, können sie unter bestimmten Bedingungen parasitisch werden und Krankheitssymptome, z. B. Blattnekrosen, verursachen.
Epiphyten: Auf höheren Pflanzen autotroph oder saprophytisch lebende Pflanzen oder Mikroorganismen, z. B., Algen, Pilze, Bakterien.

Fäule: Unscharf begrenzte Verbräunung und Strukturauflösung pflanzlicher Gewebe durch Zersetzung sowohl des Zellplasmas (Nekrose), als auch der Zellwandbestandteile durch Pilze oder Bakterien.

Fensterfraß: Fraß auf einer Blattseite, bei dem die gegenüberliegende Epidermis als durchsichtige Haut erhalten bleibt.

Fleckung: Scharf begrenzte, lokale, meist gelbliche (chlorotische F.) Verfärbung oder mit Absterben verbundene Verbräunung (nekrotische F.); s. im Gegensatz dazu Scheckung.

Frosttrocknis: Winterliche Austrocknung, Verbräunung und Absterben von Koniferennadeln bei anhaltendem Bodenfrost und gleichzeitig starkem Transpirationsanspruch durch Besonnung und Wind; nicht immer von Frostschäden durch ungenügende Frosthärte zu unterscheiden.

Gallen: Durch Bakterien, Pilze oder Tiere verursachte, gesteuerte und artspezifische Wucherungen an Blättern, Knospen, Blüten, Früchten, Wurzeln, die der Entwicklung der auslösenden Organismen dienen.

Graphien: Pinselförmig gebündelte, ungeschlechtliche Sporenträger als Nebenfruchtform von Ascomyceten.

Gummose: Gummifluss; Ausscheidung farbloser, gelblicher bis rotbrauner, gummiartiger, an der Luft erhärtender Substanzen aus der Rinde mancher Laubbaumarten, oft als Reaktion auf mikrobielle Infektion oder mechanische Beschädigung.

Guttation: Ausscheidung von wässrigen Flüssigkeitstropfen, z. B. aus jungen Fruchtkörpern mancher holzzersetzender Basidiomyceten.

Hauptfruchtform (Teleomorphe): Pilzfruchtkörper mit geschlechtlich entstandenen Sporen, z. B. Asco- und Basidiosporen (vgl. Nebenfruchtform).

Herkünfte (Provenienzen): Geographische Rassen innerhalb der Baumarten mit genetisch fixierten, physiologischen Eigenschaften, die sich u. a. auch auf die Anfälligkeit bzw. Empfindlichkeit gegenüber biotischen und abiotischen Schäden erstrecken können.

Hexenbesen: Besenartig gehäufte, verkürzte Triebe mit verkleinerten Nadeln bzw. Blättern durch massenhaften Knospenaustrieb, ausgelöst von Viren, Bakterien, Pilzen oder Tieren; eine Form von Gallenbildung.

Hyphen: Fadenförmige, meist durch Querwände in Zellen geteilte Elemente des Vegetationskörpers von Pilzen, die in ihrer Gesamtheit das Myzel bilden, im Substrat leben und den größten Teil der Biomasse der Pilze ausmachen; auch die Fruchtkörper bestehen aus Hyphen.

Imperfekte Pilze: s. Deuteromyceten

Interkostalfelder: Flächen der Blattspreite zwischen den Blattadern.

Internodien: Blattfreie Triebabschnitte zwischen den verdickten Blattansatzstellen, den Nodien (Knoten).

Johannistrieb: Trieb einer zweiten Wachstumsphase im Sommer, nach Abschluss des Frühjahrstriebes, z. B. fast regelmäßig bei Eiche.

Jungwuchs: Junger Forstpflanzenbestand bis zum Zusammenwachsen der Kronen zum geschlossenen Jungbestand, der Dickung.

Kernholz: durch Alterung und Verkernung (s. dort) verändertes, physiologisch inaktives zentrales Holz mit vermindertem Wassergehalt und erhöhter Dauerhaftigkeit, meist dunkler als das Splintholz (s. dort).

Komplexkrankheit: Verursacht durch gleichzeitige oder zeitlich gestaffelte Einwirkung mehrerer, prädisponierender bzw. schädigender Faktoren.
Krebswunde: Durch Bakterien oder Pilze verursachte, nicht ausheilende, oft kraterartige Rindenwunde, durch einen über viele Jahre wiederholten Wechsel von Vordringen des Erregers in der Ruhezeit und Überwallungsversuchen der Wirtspflanze in der Vegetatonszeit.
Kurztrieb: Verkürzter, meist unverzweigter, belaubter/benadelter Seitenzweig als normales, artspezifisches Merkmal, z. B. bei Lärche und Kiefer; daneben auch Folge alters- oder belastungsbedingter Wachstumshemmung z. B. an Buche, Abb. 146 c, d.
Lentizellen: Mit losen Korkzellen gefüllte Öffnungen in der äußeren Rinde, die dem Gasaustausch dienen, aber auch Eintrittspforten für Pilze und Bakterien sein können.
Letale, subletale Schädigung: Tödliche bzw. deutliche, aber nicht tödliche Schädigung.
Moderfäule: Langsam fortschreitende Holzzersetzung durch Asco- und Deuteromyceten, seltener Basidiomyceten, bei der vorwiegend Zellulose und Hemizellulose, in geringerem Umfang auch Lignin abgebaut wird und ein Braunfäule-ähnlicher Rückstand entsteht.
Mosaik: Durch Viren verursachte Fleckung oder Scheckung (s. dort) von Blättern in gelblich bis weißlich grünen und unnormal dunkelgrünen neben normalgrünen Farbtönen.
Mykoplasmen-ähnliche Organismen (MLO, Phytoplasmen): Mikroorganismen ohne Zellwand, mit veränderlicher Form, die als Krankheitserreger im Leitgewebe (Siebzellen) von Pflanzen auftreten, z. B. Abb. 277, 287.
Myzel: Gesamtheit der Hyphen (s. dort) der Pilze.
Nahemittent: Quelle von Schadstoffen (Emissionen), die ohne Ferntransport ihre Umgebung als Nahimmissionen akut schädigen oder chronisch belasten (s. dort) und die seit langem bekannten, klassischen Immissions- oder Rauchschäden verursachen können, z. B. Abb. 13, 67, 102, 118, 158, 159, 223, 251, 264. Neuartige Immissionsschäden werden dagegen vorwiegend auf Fernimmissionen zurückgeführt, die mit Luftströmungen hunderte von Kilometern weit transportiert, verdünnt, umgewandelt, deponiert werden und andere, meist unspezifische Symptome mit komplexen Ursachen hervorrufen, z. B. Abb. 1, 6, 8, 96, 131, 146 (s. Komplexkrankheiten).
Nebenfruchtform (Anamorphe): Pilzfruchtkörper oder freie Sporenträger mit ungeschlechtlichen Sporen (Konidien); wird meist schneller und häufiger gebildet als die dazu gehörende, geschlechtliche Hauptfruchtform.
Nekrose: Verbräunung von Pflanzengewebe durch Absterben des Zellplasmas bei weitgehender Erhaltung der Zellwände (im Gegensatz zu Fäulen, bei denen auch Zellwände abgebaut werden, z. B. Holzfäulen). Aktive Nekroseherde, z. B. durch sich ausdehnende Pilzinfektionen, zeigen unscharfe, zum Stillstand gekommene scharfe Ränder. Ursachen sind biotischer oder abiotischer Natur.
Parasiten: Organismen, die sich in und von lebendem Gewebe ernähren und dieses schädigen.
Perithecien: Meist sehr kleine, kugel- bis flaschenförmige, oft mit vorgebildeter apikaler Öffnung (Ostiole) versehene, geschlechtliche Fruchtkörper

(Hauptfruchtform) von Ascomyceten, die im Wirtsgewebe eingebettet sind oder frei darauf sitzen (vgl. Pyknidien).
Polyphage Lebensweise: Fähigkeit von Krankheitserregern und tierischen Schädlingen, viele Wirte zu befallen.
Prädisposition: Aktuelles Reaktionsvermögen einer Pflanze auf Angriffe von Krankheitserregern, Schädlingen oder abiotschen Schadeinflüssen in Abhängigkeit von ihrem Entwicklungsstadium und Umweltbedingungen, besonders Witterung und Standorteigenschaften; variiert in den Grenzen der allgemeinen, genetisch festgelegten Reaktionsnorm (Disposition) der Rasse, Art, Gattung oder Familie der betroffenen Pflanze.
Prolepsis, proleptische Triebe: Frühzeitiger Austrieb von Seitenknospen des laufenden Jahres nach nur kurzer, sommerlicher Ruhe zum Ersatz verlorener Triebe.
Provenienzen: s. Herkünfte.
Pyknidien: Meist sehr kleine, kugel- bis flaschenförmige, oft mit apikaler Öffnung (Ostiole) versehene Fruchtkörper mit ungeschlechtlichen Sporen (Konidien) von Deuteromyceten; oft als Nebenfruchtform von Ascomyceten bekannt (vgl. Perithecien); im Wirtsgewebe eingebettet oder frei darauf sitzend.
Raublättrigkeit: Schwache Aufwölbung der Interkostalfelder mit tief eingesenkten Adern, meist durch Viren, seltener durch leichten Spätfrost, z. B. Abb. 155c.
Reifholz: Gealtertes, physiologisch inaktives, zentrales Holz mit vermindertem Wassergehalt, jedoch ohne echte Verkernung (s. dort) und deshalb von gleicher Farbe wie das Splintholz.
Rendzina: Bis in den Oberboden skelett- (stein-) reicher Kalkverwitterungsboden.
Rhizomorphen: Z. B. bei Hallimasch (Abb. 38 e) vorkommende, mehrere mm dicke, runde bis bandförmig flache, elastische Hyphenstränge mit fester rötlichschwarzer Außenhaut; wachsen meterweit durch den Oberboden und unter loser Rinde; dienen zum Stofftransport, zur Infektion durch unverletzte Wurzeloberflächen sowie als Dauerorgane.
Rickettsien-ähnliche Bakterien (RLB): 2-5 μm lange, stäbchenförmige Mikroorganismen mit gewellter Zellwand; Krankheitserreger im Leitgewebe von Pflanzen, die durch Insekten, besonders Zikaden, übertragen werden.
Rindenbrand: Durch Pilze oder Bakterien verursachte Rindennekrose, die in der Regel nach einer Vegetationsperiode durch Abwehrreaktionen des Wirtes zum Stillstand gebracht wird (vgl. Nekrose, Krebswunde).
Ringfleckigkeit: Durch Viren verursachte, meist gelbliche, ringförmige Linienmuster auf Blättern.
Saprophyt: Von totem organischem Material lebender pflanzlicher Organismus.
Scheckung: Unscharf begrenzte, lokale Vergilbung von Nadeln oder Blättern, meist durch Virusinfektion.
Schütte: Gehäuftes, vorzeitiges Abfallen von Nadeln durch Infektion, Schädlingsbefall oder abiotische Schadeinflüsse.
Seneszenz: Normaler, jahreszeitlich und genetisch gesteuerter Vitalitätsverlust von Blattorganen, der im Herbst zum Abwurf führt; wird durch Umwelteinflüsse modifiziert (Alterung, s. dort).
Skelettierfraß: Fraß von Blattgewebe bis auf die als Skelett zurückbleibenden größeren Blattadern.
Splintholz: Jüngstes, physiologisch aktives Holz, das reich an lebendem Holzparenchym ist, der Wasserleitung,

Stoffspeicherung und Festigung dient und meist heller ist als das Kernholz.

Sporodochien: Hyphenpolster mit dichter Anhäufung ungeschlechtlicher Sporen-(Konidien-) träger.

Sprenkelung: Kleinfleckige Nadel-/ Blattverfärbung.

Stockfäule: Auf Wurzelanläufe und Stammbasis (Wurzelstock) beschränkte Holzfäule durch Pilze.

Stroma: Dichtes bis lockeres Grundgewebe aus Pilzhyphen, als Basis für Fruchtkörper oder Sporenlager.

Thyllen: Blasenartige Auswüchse des Plasmas lebender Parenchymzellen in die benachbarten Wasserleitungsbahnen des Holzes; Reaktion auf eingedrungene Luft, Fremdstoffe, Mikroorganismen; an der Verkernung beteiligt (s. dort).

Teleutosporen: Eine von mehreren, bei Rostpilzen vorkommenden Sporenformen. Teleutosporen besitzen besonders dickwandige, dadurch zur Überwinterung geeignete Sporen.

Tracheomykose: Pilzerkrankung im äußeren Splintholz, z. B. Ulmensterben (Abb. 240), bei der der Erreger in die Wasserleitungsbahnen der Wirtspflanze gelangt und durch seine Toxine und Enzyme Verthyllung (s.Thyllen), Welken und Absterben befallener Äste, Kronen und ganzer Bäume auslöst.

Verkernung: Alterungsvorgang, bei dem das ältere Splintholz durch Verthyllung (Laubholz), Verringerung des Wassergehaltes, Absterben von Parenchymzellen und Einlagerung gefärbter, konservierender, sekundärer Pflanzenstoffe in Kernholz umgewandelt wird.

Weißfäule: Holzzersetzung meist durch Basidiomyceten, in geringem Umfang auch durch Ascomyceten, wobei zuerst Lignin und Hemizellulose, später gleichzeitig auch Zellulose abgebaut wird und ein faseriger Rückstand entsteht.

Fichte *(Picea)*

Kronenverlichtung durch
- mehrere komplexe Ursachen: Abb. 1
- Alterung, Bräunung und Schütten älterer Nadeln: Abb. 2

Vergilbungen des jüngsten Nadeljahrgangs durch
- Rostpilze (*Chrysomyxa* spp.): Abb. 3
- Kalkchlorose: Abb. 4
- falsche Herbizidanwendung: Abb. 5

Vergilbung älterer oder aller Nadeljahrgänge (NJ) durch
- Ozon, „Winterfleckung“: Abb. 6
- Kalium-Mangel, an allen NJ: Abb. 7
- Magnesium-Mangel, an vorjährigen und älteren NJ: Abb. 8
- Stickstoff-Mangel aller NJ: Abb. 9
- Algenbelag auf allen NJ: Abb. 10

Bräunung und Verlust des jüngsten Nadeljahrgangs durch
- Frosttrocknis: Abb. 11
- Auftau- oder Seesalz: Abb. 12
- Schwefeldioxid-Immission: Abb. 13
- Kleine Fichtenblattwespe: Abb. 14

Bräunung und Verlust älterer oder aller Nadeljahrgänge (NJ) durch
- Pilze, am 2. NJ (*Lirula macrospora*): Abb. 15, an älteren Nadeln (*Rhizosphaera kalkhoffii*): Abb. 16
- „Nadelröte“: Abb. 17
- Fichtengespinstblattwespe (*Cephalcia abietis*) am 1.–3. NJ: Abb. 18
- Fichtennestwickler (*Epinotia tedella*) an vorjährigen Nadeln: Abb. 19
- Fichtenröhrenlaus (*Liosomaphis abietina*) an älteren Nadeln: Abb. 20
- durch Schwarzen Schneeschimmel (*Herpotrichia juniperi*), an allen NJ, nur im Gebirge: Abb. 21

Schäden an jungen Trieben durch
- Spätfrost: Abb. 22
- Hagelschlag: Abb. 23
- Pilze *Sirococcus conigenus*: Abb. 24, *Botrytis cinerea*: Abb. 25, *Gremmeniella abietina*: Abb. 26
- Fichtengallenlaus-Arten: Abb. 27
- Sitzenbleiben von Knospen: Abb. 28
- *Gemmamyces* an Knospen: Abb. 29

Schäden an Zapfen durch
- Rostpilze und Insekten: Abb. 30

Rindenschäden am Stamm durch
- *Neonectria fuckeliana*: Abb. 31
- Blitzschlag: Abb. 32

Borkenkäferschäden durch
- rindenbrütende Arten: Abb. 33–36
- holzbrütende Art: Abb. 37

Absterben an Wurzelfäule durch
- Hallimasch-Arten: Abb. 38

Schäden am Stammholz durch
- Trockenheitsrisse: Abb. 39
- Wundfäule, Rotstreifigkeit (*Stereum*-Arten): Abb. 40
- Holzverfärbung, Bläue: Abb. 41
- Braunfäule, Rotrandigen Baumschwamm (*Fomitopsis pinicola*): Abb. 42
- Weißfäule, „Rotfäule“, Wurzelschwamm (*Heterobasidion annosum*): Abb. 43

Abb. 1: Kronenverlichtung durch mehrere komplex wirkende Ursachen

EM: Krone gleichmäßig schütter (a) oder lückig, nur an den Astspitzen benadelt, ältere Astabschnitte mit kahlen Zweigen (b), die je nach natürlichem Verzweigungstyp am Ast horizontal bis schräg angeordnet sind (Platten-, Bürstenfichten, a) oder lang herabhängen (Kammfichten b, c) und bei Entnadelung als kahle, silbergraue Fäden erscheinen (c: „Lametta-Symptom"). In kühlfeuchten Sommern können die Nadelverluste ersetzt werden durch junge Triebe aus Ruheknospen auf den Oberseiten der Äste (proleptische Triebe, c Pfeil, d).

B: Meist auf armen, sauren Mittelgebirgsstandorten durch Zusammenwirken von Witterungs- (Trockenheit, Wind, Frost) und Immissionseinflüssen (Nährstoffmangel, z. B. Abb. 7 und Wurzelschäden durch Bodenversauerung), sowie normale und vorzeitige Alterung (Abb. 2).

LIT: 63, 64, 74, 81, 89, 188, 194, 196, 206, 207, 234, 241

Abb. 2: Rötung und Abfallen älterer Nadeln durch Alterung, „Nadelröte“

EM: Ab Oktober schnelle Braunfärbung der Nadeln ganzer älterer Jahrgänge (a, c an alter, d an junger Fichte), die im Spätherbst vollständig abfallen (b); Krone von innen nach außen verkahlend (Abb. 1 b); braune Nadeln oft mit Fruchtkörpern begleitender Pilze, z. B. *Rhizosphaera kalkhoffii*, *Lophodermium abietis* (Abb. 16, 17).

VM: Vgl. Abb. 1.

B: Absterben 5–7jähriger Nadeln aufgrund normaler Alterung (Seneszenz), bei jüngeren Nadeln aufgrund vorzeitiger Alterung, meist durch Trockenstress nach feuchten Jahren und Mg-Mangel (Abb. 8 e). Dieser Vorgang ist wesentlich beteiligt am Symptom der Abb. 1 b.

LIT: 42, 81, 144, 187, 188, 196

Abb. 3: Nadelschäden durch Rostpilze (*Chrysomyxa*-Arten), Fichtennadelrost

EM: An jüngsten Nadeln im Sommer gelbe Bänder (a, b, c) und
- bei *C. abietis* ab Herbst nadelunterseits gelbe Wülste, die im nächsten Frühjahr als orangerote Teleutosporenlager aufbrechen (c);
- bei *C. rhododendri* ab August weißliche, sackförmige, später aufreißende Äcidiosporenlager mit orangegelben Sporen (d). Beide Arten führen in den Folgejahren zu Bräunung und vorzeitigem Abfallen der infizierten Nadeln (e).

VM: Abb. 4 b, 8, 9 a.

B:
- *C. abietis*: weit verbreitet, nicht wirtswechselnd, besonders an Blaufichte in luftfeuchten Lagen;
- *C. rhododendri*: nur im Gebirge, wirtswechselnd mit Alpenrosen.

LIT: 18, 7, 204, 225

Abb. 4: Nadelvergilbung durch Eisen/ Mangan-Mangel, „Kalkchlorose“

EM: Jüngster Nadeljahrgang in der unteren Krone hellgelb (a, b); Verfärbung nach oben abnehmend bis zu vollständig grünem Wipfel (b); zweijährige und ältere Nadeln ergrünen durch altersbedingte Anreicherung von Mangan, sind aber oft gelb- bis rotspitzig durch Kalium-Mangel (Abb. 7); chemische Analyse: Symptome bei Mangan-Gehalten unter 20 mg/kg TM.

VM: Abb. 3, 5, 7, 9, 38 a.

B: Auf flachgründigen Kalkböden, besonders an Südhängen, wo bei Austrocknung die Eisen- und besonders die Mangan-Aufnahme gehemmt ist.

LIT: 14, 74, 109, 131, 138, 144, 235

Abb. 5: Schädigung durch unsachgemäße Herbizidanwendung (Wirkstoff Glyphosat)

EM: Weißliche Chlorose der jüngsten Triebe; später Nekrose und Wachstumshemmung.

VM: Panaschüre, jedoch nur an Einzeltrieben; Kalkchlorose (Abb. 4).

B: Bei zu früher Anwendung vor Vegetationsabschluss im Spätsommer.

LIT: 12, 13, 151

Abb. 6: Nadelvergilbung durch Ozon und Gelbfleckung der Nadeln durch winterliche Witterungseinflüsse („Winterfleckung“)

EM: -*Ozonschaden* (a, b): im Spätsommer blass gelbgrüne Scheckung und Vergilbung der Oberseite lichtexponierter Nadeln an älteren Ästen und deren ältesten Trieben; mit dem Nadelalter zunehmend.
– „*Winterfleckung*“(c): scharf begrenzte, hellgelbe bis gelbbraune Flecke auf den Oberseiten vorjähriger und älterer Nadeln; Farbtiefe der Flecke mit dem Nadelalter zunehmend; Entstehung im Winter.

VM: Nährstoffmangel (Abb. 7, 8); frühe Stadien von Pilzinfektionen (z. B. Abb. 3); Saugschäden von Läusen (Abb. 20); Nadelholzspinnmilben, letztere jedoch vorwiegend nadelunterseits (s. Abb. FAG).

B: – Das abgebildete Ozon-Symptom (b) wurde durch Begasung junger Fichten mit 100–200 µg O_3/m^3 Luft während zwei Vegetationsperioden experimentell erzeugt. Vorkommen im Freiland nur in direkt besonnten, meist oberen Kronenteilen, unauffällig; beschattete Teile bleiben symptomlos.
– „Winterfleckung“ (c) ist an Fichte häufig und weit verbreitet; als Ursache gilt ein Zusammenwirken von Schneekristallen auf den Nadeln mit winterlicher Besonnung und häufigem Temperaturwechsel.

LIT: 73, 84, 89, 136, 144, 196, 206, 220, 222, 237

Abb. 7: Nadelvergilbung durch Kalium-Mangel und Folgeschäden an Triebspitzen durch Frost

EM: Nadeln aller Jahrgänge von den Spitzen ausgehend zunächst fahl gelbgrün bis blass gelb verfärbt (a, b); Nadelspitzen später, aufgrund winterlicher Witterungseinflüsse, violettbraun (c), besonders in der Nähe der Terminalknospen. Die Symptome entwickeln sich zunächst an älteren Ästen sowie an besonnten Kronenteilen, jüngere Äste bzw. beschattete Bereiche der Krone bleiben länger grün. Chemische Analyse: die Symptome treten meist bei Kaliumgehalten unter etwa 0,4 % der TM auf. Die hier abgebildeten Zweige enthielten 0,18 % bzw. 0,19 % Kalium in der Trockenmasse der älteren bzw. einjährigen Nadeln. Die Symptome wurden hier verstärkt durch gleichzeitig niedrige Stickstoff- (0,85–0,89 %) und Phosphorgehalte (0,08 %) der Trockenmasse.

VM: Magnesium-Mangel (Abb. 8), dabei jedoch Vergilbung vorwiegend der vorjährigen und älteren Nadeln und keine Braunspitzigkeit; Stickstoff-Mangel (Abb. 9); Algenüberzug (Abb. 10).

B: Kalium-Mangel erhöht die Frostempfindlichkeit der Fichten und trägt zur Verbräunung der Nadeln durch stärkeren Frost und zum Absterben von Triebspitzen im Lauf des Winters bei (d).

LIT: 14, 28, 71, 109, 119, 145, 235

Abb. 8: Vergilbung vorjähriger und älterer Nadeln durch Magnesium-Mangel, „Montane Vergilbung“

EM: Hellgelbe bis goldgelbe Chlorose (a), die von den Nadelspitzen ausgeht (b) und von den älteren zu jüngeren Nadeljahrgängen fortschreitet (c links beginnend, rechts fortgeschritten); beschattete Zweige (d, rechts) sowie die Unterseiten der Zweige (d, Mitte) sind weniger vergilbt als die belichteten Oberseiten (d, links); zusätzlich können nach Trockenheit starke Nadelverluste unterhalb des Wipfels eintreten (e: „Fenstereffekt“); chemische Analyse: die Symptome treten bei Magnesium-Gehalten unter etwa 0,03 % der Trockenmasse auf.

VM: Kalium-Mangel (Abb. 7); Stickstoff-Mangel (Abb. 9).

B: Symptom neuartiger, immissionsbedingter Waldschäden; zeitweise verbreitet auf höher gelegenen, silikatischen Mittelgebirgsstandorten („Montane Vergilbung“); z. Zt. rückläufig.

LIT: 69, 71, 74, 81, 108, 109, 198, 206

Abb. 9: Nadelvergilbung und Wuchshemmung durch Stickstoff-Mangel

EM: Nadeln aller Jahrgänge hellgelb verfärbt, jüngste Nadeln stärker als ältere; Nadeln verkürzt, Triebe z.T. gestaucht (b, rechts), gehemmtes Höhenwachstum, niedrige, breite Wuchsform (a). Symptome meist an zahlreichen Bäumen im Bestand; chemische Analyse: Symptome bei Stickstoffgehalten der Nadeln unter 1,0 % der Trockenmasse.

VM: Kalium-Mangel (b, links; Abb. 7); Magnesium-Mangel (Abb. 8).

B: Auf stickstoffarmen Moor- und Heideböden, oft mit Bewuchs von *Calluna vulgaris* (a).

LIT: 14, 119, 235

Abb. 10: Scheinbare Nadelvergilbung durch Belag epiphytischer Algen

EM: Feinkörniger, abwischbarer (Pfeil), gelbgrüner Belag, vorwiegend auf älteren, teils auch auf jungen Nadeln.

VM: Nährstoffmangel (Abb. 7, 8, 9).

B: In jungen Beständen und unteren Kronenteilen, in feuchten Lagen; wahrscheinlich begünstigt durch Stickstoffeinträge.

LIT: 34, 74

Abb. 11: Winterliche Verbräunung des jüngsten Nadeljahrgangs durch Frost und Frosttrocknis

EM: Nadeln des Vorjahrestriebes im Spätwinter fahl bräunlich, oft nur an besonnten Triebseiten (b, Pfeil), im Frühjahr hell rotbraun verfärbt (a, c), vorzeitig abfallend; Knospen treiben meist wieder aus (d).

VM: Abb. 12, 13.

B: Bei anhaltendem Frost und gleichzeitiger Besonnung, besonders an südwest- oder nordexponierten Kronenteilen und Bestandesrändern; schneebedeckte Kronenteile bleiben ungeschädigt; erhöhte Empfindlichkeit bei Schwefeldioxid-Belastung und Kalium-Mangel.

LIT: 144, 145, 151, 196

Abb. 12: Schäden durch chloridhaltiges Auftausalz oder verwehtes Seesalz

EM: Im Frühjahr Nadeln des Vorjahrestriebes und z. T auch älterer Jahrgänge kupferrot (a, b), später abfallend; Verfärbung von den Triebspitzen aus abwärts fortschreitend (c); Knospen z.T. ebenfalls tot (c); Symptome innerhalb der Krone einseitig, nur auf der einer benachbarten Straße bzw. der Richtung des Seewindes zugewandten Seite (a); Nachweis durch chemische Analyse: Symptome ab etwa 0,3 % Chlorid in der Nadeltrockenmasse, hier (b, c, in Küstennähe) bei 0,36–0,56 % auf der Luvseite; auf der Leeseite der Krone 0,06 %.

VM: Frosttrocknis (Abb. 11); akute Immissionsschäden (z. B. Abb. 13).

B: An Straßen, auch entfernt davon durch Abfluss und Verwehung von salzhaltigem Wasser; in Küstennähe nach Frühsommerstürmen.

LIT: 14, 58, 68, 144, 196, 206

12a

12b

12c

Abb. 13: Akute Schädigung durch Schwefeldioxid-Immission

EM: Von den Nadelspitzen aus abwärts fortschreitende, gelbbraune bis rotbraune Verfärbung der Nadeln des jüngsten Jahrgangs (a); bei schwächerer Schädigung Teile der Nadeln noch grün (a), bei stärkerer Schädigung vollständig verfärbt (b) und vorzeitig abfallend; chemische Analyse: Symptome bei Schwefelgehalten ab etwa 0,2 % der Nadeltrockenmasse.

VM: Schäden durch Frost oder Frosttrocknis (Abb. 11), Auftau- oder Seesalz (Abb. 12), Herbizidanwendung (Abb. 5), akute Fluorwasserstoff-Immission (vgl. Abb. 67).

B: Im Lee von Nahemittenten.

LIT: 14, 50, 130, 236

Abb. 14: Wipfel und jüngste Triebe verlichtet bis kahl durch Larvenfraß der Kleinen Fichtenblattwespe (*Pristiphora abietina*)

EM: An Maitrieben fadenförmige, z.T. geknickte, grüne oder bräunliche Nadelreste und -stümpfe (a), besonders im Bereich des Gipfeltriebes, der dadurch von weitem kahl und rotbraun erscheint (b); nach wiederholtem Fraß auch absterbende Triebe.
VM: Triebsterben durch Pilzinfektion (Abb. 24, 25, 26).
B: Bevorzugt an Rändern von Jungwüchsen und Dickungen in sonnigen, windgeschützten Lagen (b), oft von vorwüchsigen oder einzelnen älteren Fichten ausgehend.
LIT: 25, 132, 174, 214 Bd. 4

Abb. 15: Verfärbung und Abfallen vorjähriger Nadeln durch Fichtenritzenschorf (*Lirula macrospora*, Syn.: *Lophodermium macrosporum*)

EM: An vorjährigen Trieben gelb- bis rotbraune Verfärbung eines Teils der Nadeln, die absterben, aber noch längere Zeit anhaften (a); auf den verfärbten Nadeln zunächst zahlreiche sehr kleine, dunkle, ungeschlechtliche Fruchtkörper und später 2 bis 8 mm lange, wulstförmige, geschlechtliche Fruchtkörper des Erregers (b); an der Nadelbasis, schon vor der Fruchtkörperbildung, schwarzer Ring (b).
VM: Abb. 11, 16, 17.
B: Im unteren Kronenbereich dichter jüngerer Bestände.
LIT: 34, 204, 225

Abb. 16: Verbräunung der Nadeln durch den Pilz *Rhizosphaera kalkhoffii*

EM: Auf verfärbten Nadeln (a) Reihen schwarzer kugelförmiger Fruchtkörper, auf denen oft ein weißer Wachspfropf sitzt (b, Lupe); vorzeitiges Abfallen der Nadeln.

VM: Abb. 2, 15, 17, 25.

B: Vorwiegend an gealterten Nadeln (Abb. 2), bei anhaltend hoher Luftfeuchte auch an jüngeren Nadeln; besonders bei Blaufichte.

LIT: 34, 42, 60, 204, 220, 225

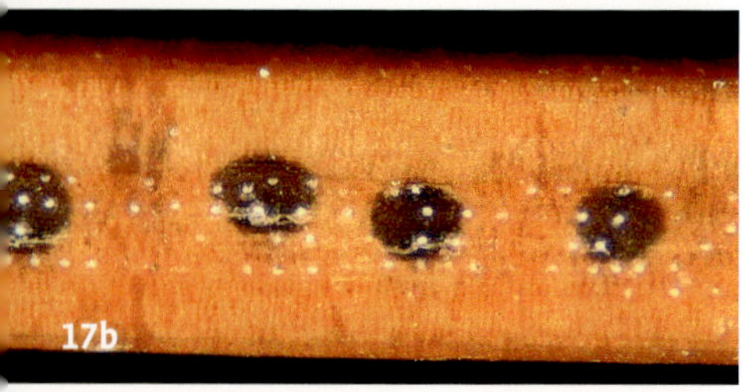

Abb. 17: Endophytische Pilze in absterbenden Nadeln: *Lophodermium abietis*, *Tiarosporella parca*, „Nadelröte“

EM: 5–7jährige braune Nadeln mit gewölbten, schwarzen Fruchtkörpern, bei *L. abietis* große und kleine ovale sowie schwarze Querlinien (a), bei *T. parca* größere runde Fruchkörper ohne Querlinien (b, Lupe).

VM: *Lirula macrospora* (Abb. 15).

B: An gealterten, geschwächten Nadeln (Abb. 2); bei stark vorgeschädigten Bäumen auch an jüngeren Nadeln, deren Absterben durch die Pilze beschleunigt wird.

LIT: 103, 202, 223

Abb. 18: Nadelverluste und Gespinstballen durch Fraß der Fichtengespinstblattwespe (*Cephalcia abietis*)

EM: In Astgabeln und Ästen der oberen und mittleren Krone röhren- bis sackförmige Gespinste (a) mit graugrünen bis braunen Kotkrümeln, Nadelresten und je Gespinst einer schmutzig grünen Larve mit schwarzem Kopf und drei dorsalen Längsstreifen (b, letztere sind an der seitlich aufgenommenen Raupe nicht sichtbar); Fraß meist an ein- bis dreijährigen Trieben und innerhalb der Krone von oben nach unten fortschreitend.
VM: Abb. 17, 19.
B: Vorwiegend in Mittelgebirgen in 60–120jährigen Beständen.
LIT: 25, 132, 194, 214 Bd. 4

18a

18b

Abb. 19: Hellbraune, miteinander versponnene Nadeln durch Larvenfraß des Fichtennestwicklers (*Epinotia tedella*)

EM: Gruppen von 20–60 gelbbraunen, einjährigen Nadeln zunächst durch Minierfraß einer jungen Raupe ausgehöhlt (Lupe), die später frei weiter frisst und die Nadeln zu „Nestern" mit Kotkrümeln verspinnt. Raupen bis 9 mm lang, gelbgrau bis grünlich, später mit braunem bis grauem dorsalem Längsstreifen und braunem Kopf.
VM: Abb. 2, 15, 16, 17, 18.
B: Besonders in windgeschützen Dickungen und Stangenhölzern; wahrscheinlich begünstigt durch Trockenheit, Nährstoffmangel und Immissionseinflüsse.
LIT: 25, 132, 174, 194, 214 Bd. 4

19

Abb. 20: Saugschäden durch Fichtenröhrenlaus, „Sitkalaus“ (*Elatobium abietinum,* Syn.: *Liosomaphis abietina*)

EM: Vorjährige und ältere Nadeln zunächst gelblich weiß punktiert, gefleckt oder gebändert, später vollständig braun bis violett verfärbt und abfallend; jüngste Nadeln kaum geschädigt (a, hier an Blaufichte). Auf der Nadelunterseite gelbgüne, z.T. geflügelte Läuse mit roten Augen sowie weißliche, später dunkle Häutungsreste (b, Lupe).

VM: Abb. 2, 12, 15

B: Starkes Auftreten nach mildem Winter, gefolgt von warmem Frühjahr, besonders an Sitkafichte bei Trockenstress und an Blaufichten in Gärten (s. auch FAG).

LIT: 132, 214 Bd. 1

Abb. 21: Schäden durch Schwarzen Schneeschimmel (*Herpotrichia juniperi*)

EM: Nadeln und Zweige von grauem, später dunkelbraunem filzigem Myzel umsponnen (a), auf dem sich im zweiten Befallsjahr bis 0,5 mm große, kugelige, oben etwas zugespitzte Fruchtkörper des Erregers entwickeln (b, Lupe). Umsponnene Nadeln anfangs noch grün, später zusammen mit dünnen Zweigen braun und absterbend; kleine Bäume sterben oft ganz ab.

B: An jungen Koniferen im Gebirge. Die Schäden entwickeln sich unter der Schneedecke und werden erst nach dem Ausapern sichtbar; auch an Arve, Bergkiefer, Tanne und Wacholder.

LIT: 8, 34, 171, 204

Abb. 22: Triebschäden durch Spätfrost

EM: Schlaffes Herabhängen und hell rotbraune Verfärbung der jungen Maitriebe (a, b); oft im unteren Teil der Bäume stärker als im oberen, wo die Triebe z.T. nur welken, aber grün bleiben und überleben (a).
VM: Grauschimmel (Abb. 25).
B: Bei Nachtfrost im Frühjahr an noch nicht verholzten Trieben; besonders auf Freiflächen und in Mulden, wo sich bei Strahlungsfrost bodennahe Kaltluft bildet bzw. sammelt.
LIT: 144, 145, 196

Abb. 23: Triebschäden durch Hagel

EM: Junge Seitentriebe durch starken Hagelschlag abknickend oder verkrümmt und oberseits mit zahlreichen Rindenwunden, die später überwallen (wie in Abb. 45 c).
VM: Überwallte Infektionsstellen durch *Gremmeniella abietina* (Abb. 26).
B: Entsprechende frische Beschädigungen auch an der sonstigen Vegetation in der Umgebung.
LIT: 22, 29, 196, 220

Abb. 24: Triebsterben durch *Sirococcus conigenus* (Syn: *S. strobilinus*)

EM: Bräunung und Abfallen der Nadeln von der Mitte der Maitriebe aus und Krümmung der kahlen Triebe (a). Auf toten Nadeln und Trieben schwarze Fruchtkörper (c: hier auf den Nadelkissen; Lupe).

VM: Abb. 22, 25.

B: Unter kühlfeuchten Bedingungen an Ästen mittlerer und oberer Kronenteile, seltener im Wipfel; besonders an Blau- und Sitkafichte.

LIT: 90, 204, 220

Abb. 25: Triebsterben durch Grauschimmel (*Botrytis cinerea*)

EM: Abwärtskrümmung im Mittelteil noch nicht verholzter Maitriebe, die später braun werden und absterben (a). An verholzten jungen Trieben nur Braunfleckung und Abfallen einzelner Nadeln (a); auf befallenen Nadeln und Trieben silbergraue Sporen an langen, dünnen, glänzend dunkelbraunen Sporenträgern (b, Lupe).

VM: Abb. 22, 24.

B: Bei kühlfeuchter Witterung während des Austreibens; an Sämlingen und jungen Fichten, an älteren nur im unteren Kronenbereich; auch an anderen Koniferen z. B. Abb. 122, 139.

LIT: 34, 204, 220, 246

Abb. 26: Wipfel- und Triebsterben durch Pilzinfektion (*Gremmeniella abietina*, Syn.: *Ascocalyx abietina*, *Scleroderris lagerbergii*)

EM: Absterben von 1–2 Triebjahrgängen der Leittriebe und Seitenäste, von den Terminalknospen aus abwärts fortscheitend (a, b). An den abgestorbenen, kahlen Trieben etwa 1,5 mm große, graubraune Fruchtkörper der Nebenfruchtform des Erregers *Brunchorstia pinea* (c, Lupe). Verbuschung des Wipfels (a) durch wiederholtes Absterben und Neuaustrieb des Leittriebes. An lebenden Trieben kleine, überwallende Infektionsstellen.

VM: Triebschäden durch andere Pilze (Abb. 24, 31); kahle Triebe durch Insektenfraß, z. B. Abb. 14.

B: An jungen Fichten in feuchten Lagen und niederschlagsreichen Jahren. In Hochlagen im Freistand, im Flachland meist nur unter Schirm von Altkiefern, von denen die Infektion ausgeht (vgl. Abb. 74).

LIT: 7, 34, 171, 204

Abb. 27: Triebschäden und Gallenbildung durch Fichtengallenläuse (*Sacchiphantes*- und *Adelges*-Arten)

EM: Deformationen und Bildung von Gallen an den jüngsten Trieben durch
- Grüne und Gelbe Fichtengallenlaus (*Sacchiphantes viridis* und *S. abietis*): 15–40 mm lange, grüne Gallen mit rotbraunen Schuppenrändern („Ananasgallen“) an der Basis verkrümmter, oberhalb der Galle weitergewachsener Maitriebe (a); bei *S. viridis* Gallen einzeln, bei *S. abietis* gehäuft, später absterbend und braun (b);
- Frühe und Späte Fichten-Kleingallenlaus (*Adelges laricis, A. tardus*): anstelle des Maitriebes kleinere, gelblich grüne Gallen, („Erdbeergallen“), an der Spitze ohne oder mit nur kurzem Nadelschopf des verkümmerten Maitriebes (c); bei *Adelges laricis* Gallen einzeln, bei *A. tardus* gehäuft; bei beiden Arten Gallen später braun, absterbend.

B: *S. viridis* nur an jungen, bis etwa 12jährigen, *A. laricis* an älteren Fichten bis zum Stangenholzalter; bevorzugt auf ungeeigneten bzw. immissionsbelasteten Standorten. *S. viridis* und *A. laricis* sind wirtswechselnd zwischen Fichte und Lärche, *S. abietis* und *A. tardus* kommen nur an Fichte vor.

LIT: 25, 132, 174, 214 Bd. 1, 215

Abb. 28: Sitzenbleiben der Knospen durch abiotische Ursachen

EM: Endknospen verdickt, im Frühjahr innen braun, tot; z.T. auch Triebspitzen durch sekundäre Pilzbesiedelung (z.B. durch *Sclerophoma pithyophila*) abgestorben.
VM: Pilzinfektion (Abb. 29).
B: Wahrscheinlich verursacht durch Frühfrost oder Herbizidschädigung; vorwiegend an Blaufichte.
LIT: 34, 155, 204

Abb. 29: Knospensterben durch Pilzinfektion (*Gemmamyces piceae*)

EM: Auf toten Knospen ab Juni Belag schwarzer, birnenförmiger Pilzfruchtkörper (Lupe); Triebe verkrümmt, gestaucht, verlichtet.
VM: abiotischer Schaden (Abb. 28).
B: An Stechfichte, im Gebirge auch an Gemeiner Fichte und Tanne.
LIT: 34; 204

Abb. 30: Schäden an Zapfen durch Rostpilze und Insekten

EM: – Frühzeitige Braunfärbung der Zapfen, Abspreizen der Schuppen (a) und unter diesen dunkelbraune kugelförmige Sporenlager des Kugeligen Zapfenrostes (*Thekopsora areolata*, b) oder
– zunächst weiße, nach dem Aufreißen orangegelbe, pulverige Sporenlager des Gelben Zapfenrostes (*Chrysomyxa pyrolata*, c) oder
– Zapfen mit Harztropfen, z.T. gekrümmt (a) durch den Larvenfraß des Fichtenzapfenwicklers (*Laspeyresia strobilella*) in den Zapfenspindeln oder
– harzend durch Larvenfraß des Fichtenzapfenzünzlers (*Dioryctria abietella*) an Samen und Schuppen, die sich dadurch ebenfalls abspreizen (a).

B: *Thekopsora areolata* ist wirtswechselnd mit *Prunus*-Arten, *Chrysomyxa pyrolata* mit *Pyrola*-Arten. *Dioryctria abietella* frisst auch an jungen Trieben.

LIT: 18, 77, 204, 214 Bd. 3

Abb. 31: Rindenschäden durch Pilzinfektion (*Neonectria fuckeliana*), „Fichtenrindenkrankheit“

EM: An Ästen und dünnborkigen Stammteilen in der Umgebung von Astquirlen spindelförmige, innen braune, etwas eingesunkene Rindennekrosen (anschneiden). Auf der nekrotischen Rinde Gruppen hellroter, später dunkelroter bis rotbrauner, eiförmiger, 0,2–0,4 mm großer Pilzfruchtkörper (a), aus denen weiße Sporenranken hervortreten (b, Lupe).

B: An Kronen unterständiger Fichten in dichten Beständen mit feuchtem Kleinklima. Eindringen des Erregers über Totäste. Wiederholter oder stammumfassender Befall trägt zum Absterben junger Fichten oder des Wipfels älterer Bäume bei. An Sitkafichte treten durch wiederholten Befall krebsartige Schäden auf.

LIT: 26, 34, 204

Abb. 32: Schäden durch Blitzschlag

EM: Streifenförmiges Ablösen der Rinde von der Krone bis zum Stammfuß („Blitzrinne“); im freigelegten Splintholz eingesenkt eine schmale, mehr oder weniger stark splitternde „Entladungsspur“ (Pfeil).

VM: Trockenrisse (Abb. 39).

B: An Einzelbäumen, die überleben oder an Gruppen, die durch flächige Wurzelschädigung, auch ohne Blitzrinne, absterben („Blitzloch“, Abb. 129b); erhöhter Wassergehalt im Stammfuß und Flüssigkeitsaustritt beim Anschneiden der Rinde.

LIT: 22, 90, 196, 220

33a

33b

33c

33d

Abb. 33: Schäden durch Befall der wichtigsten rindenbrütenden Borkenkäferarten Buchdrucker (*Ips typographus*) und Kupferstecher (*Pityogenes chalcographus*)

EM: Im Frühsommer graugrüne bis rotbraune Verfärbung der ganzen Krone vorwiegend durch Buchdrucker (a), bzw. nur der Oberkrone durch Kupferstecher (e); Spechtabschläge und lose Rinde bei oft noch grüner Krone (b); Rinde mit Einbohrlöchern, außen mit Harztröpfchen und braunem Bohrmehl. In dickborkiger Rinde vorwiegend Buchdrucker, in dünnborkiger Kupferstecher. Im Bast 3 mm breite Brutgänge des Buchdruckers in Form zwei- bis mehrarmiger Längsgänge (c), bzw. 1 mm breite sternförmige Brutgänge des Kupferstechers (f). Käfer des Buchdruckers 4,2–5,5 mm lang, mit acht schwarzen Absturzzähnen (d). Käfer des Kupferstechers 1,6–2,9 mm lang (g), im Bild ein Männchen mit 6 großen, kegelförmigen Absturzzähnen; Weibchen tragen dort kleine Höcker. In den Brutgängen beider Arten gelblichweiße Larven und Puppen.

VM: In höheren Lagen *Ips amitinus* (Abb. 35).

B: In warmen Sommern Massenvermehrungen, besonders an Bestandesrändern (a, e) und in der Nähe frisch gefällter Stämme und Kronenabschnitte. Beide Arten im mittleren Stammbereich oft auch gemeinsam vorkommend.

LIT: 1, 10, 83, 132, 168, 214 Bd. 2

34a

34b

35

Abb. 34: Befall durch Riesenbastkäfer (*Dendroctonus micans*)

EM: An Wurzelanläufen und am Stamm bis in 8 m Höhe Einbohrlöcher mit großen, auffälligen Harztrichtern (a). Darunter im Bast durch gemeinschaftlichen Larvenfraß netzartig verbundene Gänge und breite Platzgänge, in denen Gruppen von Jungkäfern ihren Ernährungsfraß ausführen (b). Käfer 5,5–9 mm groß, glänzend schwarzbraun (b) mit gelber Behaarung.

VM: Harzfluss aufgrund von Wurzelschäden (z. B. Abb. 38).

B: Bevorzugt an vorgeschädigten (Hallimasch, Wurzelschwamm), verwundeten, durch Trockenheit prädisponierten Fichten, besonders an Sitkafichte sowie an Tanne.

LIT: 10, 25, 83, 132, 214 Bd. 2, 215

Abb. 35: Befall durch Kleinen Achtzähnigen Fichtenborkenkäfer (*Ips amitinus*), „Kleiner Buchdrucker"

EM: Im Bast dünnborkiger Stammteile befallener Fichten langgezogene, sternförmige Brutbilder aus 3–7 Muttergängen, mit Ei-Nischen bzw. Larvengängen in ungleichmäßigen, größeren Abständen; Larvengänge auf der Innenseite der Rinde nur undeutlich erkennbar. Käfer ähnlich Buchdrucker, jedoch kleiner (3,5–4,8 mm) und mit fast geraden Fühlerkeulen-„Nähten".

VM: Buchdrucker (Abb. 33).

B: An geschwächten und frisch gefällten oder windgeworfenen Fichten im höheren Bergland.

LIT: 5, 10, 25, 83, 132, 168, 214 Bd. 2

Abb. 36: Schäden durch Befall des Doppeläugigen Fichtenbastkäfers (*Polygraphus polygraphus*)

EM: Brutfraß am ganzen Stamm und in der Krone älterer Fichten; in verschiedenen Rindenschichten sternförmige Muttergänge mit großer Rammelkammer, die oft nur als Fragmente sichtbar sind (a rechts: Borke von außen flach abgetragen); später weiter innen schmalere, vorwiegend längs gerichtete Larvengänge (a links: Innenseite der Rinde); Käfer 2,2–3,0 mm lang (b); befallene Bäume schütter benadelt, absterbend.

VM: Andere Rindenbrüter (Abb. 33).

B: An unterdrückten, durch Trockenheit prädisponierten, verwundeten oder auch an gesund erscheinenden Fichten; bevorzugt an Einzelbäumen im Bestandesinneren.

LIT: 5, 10, 67, 83, 132, 214 Bd. 2

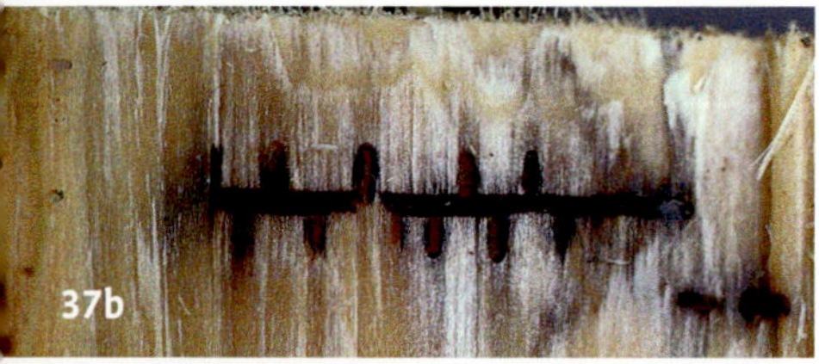

Abb. 37: Befall des Stammholzes durch Gestreiften Nutzholzborkenkäfer (*Trypodendron lineatum*)

EM: An stehenden und liegenden Stämmen oder Stubben kleine runde Einbohrlöcher mit hellem Bohrmehl (a); im Splintholz 4 bis 5 cm tiefe, radiale Eingangsröhren und, quer zu den Fasern, den Jahrringen folgende Muttergänge mit kurzen, längs verlaufenden Larvengängen (b: „Leitergänge"); Käfer 2,8–3,8 mm lang, mit breiten schwarzen Längsstreifen oder Flecken auf den Flügeldecken und vorne breit abgerundeten Fühlerkeulen (c).

VM: *Gnathotrichus materiarius* (Abb. 89); Werftkäfer (Abb. 169).

B: An frisch gefällten, auch entrindeten, schattig lagernden Stämmen, besonders auf deren feuchterer Unterseite, sowie an stehenden, vorgeschädigten Fichten und anderen Koniferen; Übertragung von Bläuepilzen (s. Abb. 41).

LIT: 10, 83, 132, 214 Bd. 2, 215

Abb. 38: Wurzelfäule und Absterben durch Hallimasch (*Armillaria* spp.)

EM: Vergilbung zunächst des jüngsten Nadeljahrgangs (a), am Stammfuß unter der Rinde weißes Myzel (b) und Harzausfluß, dieser bei älteren Bäumen in der Krone (c); später Bräunung der alten Nadeln und Absterben des Baumes; Fruchtkörper des Erregers meist an Stubben, seltener am Stamm (d), auf sauren Böden meist *A. ostoyae*.

VM: Borkenkäfer-Befall (Abb. 33, 34).

B: Wurzelinfektion durch Rhizomorphen (e), die von besiedelten Stubben ausgehen. Meist an Fichte und Tanne, daneben an Kiefer, Lärche, Douglasie, bei letzterer an *caesia*- und *glauca*-, dagegen kaum an *viridis*-Herkünften.

LIT: 140 Bd. 3, 169, 204, 227

Abb. 39: Trockenheitsbedingte Risse und Verfärbungen im Stammholz

EM: An besonders wüchsigen 15–40-jährigen Fichten (auch an Lärche und Nordmannstanne) mehrere Meter lange, radiale Längsrisse (a) in Form schmaler, von dünnen Überwallungswülsten gesäumter Rinnen, die leicht spiralig gedreht am ganzen Stamm auftreten können (a). Die vorwiegend im Splintholz liegenden Risse (b; der weiße Längsstreifen besteht aus künstlich angebrachter Farbe) brechen zunächst nach außen durch, werden später überwallt und von gesundem Holz überdeckt (b). Von den Rissen können oxidative Verfärbungen (b), seltener Wundfäule (Abb. 40) oder Bläue (Abb. 41) ausgehen.

VM: Stammschäden durch Blitzschlag, dann jedoch breiter, länger offen bleibend und in der Mitte mit schmalem Längsriss („Entladungsspur“, Abb. 32).

B: Wahrscheinliche Ursache ist Wasserstress, der in heißen, trockenen Sommern im Splintholz junger, stark wüchsiger Bäume auf optimalen Standorten auftreten kann. Die dabei wirkenden hohen Saugspannungskräfte im wasserführenden Splintholz übersteigen die Festigkeit des aus großen, dünnwandigen Zellen bestehenden Holzes.

LIT: 3, 45, 196

Abb. 40: „Wundfäule“ und „Rotstreifigkeit“ durch Schichtpilze (*Stereum sanguinolentum, Amylostereum areolatum*)

EM: Ausgehend von größeren Wunden, z. B. Rückeschäden (a), rotbraune Verfärbung des Splintholzes, zunächst streifig („Rotstreifigkeit“, e), später vollständig (b) und verbunden mit faseriger Holzzersetzung (Weißfäule); mehrere Meter hoch im Stamm aufsteigend. Durch Wundheilung (c) wird der Fäuleherd später eingeschlossen und der Erreger inaktiviert. Spuren früherer Überwallungen verbleiben als T-förmige Muster im Querschnitt (c). Auf Wund- und Schnittflächen flache, porenlose, hell graubraune bis grauviolette, dünnfleischige, an Druckstellen rötende Pilzfruchtkörper (d, Pfeil).

VM: “Rotfäule“ (Abb. 43), jedoch ohne oberirdische Stammwunden und Schichtpilzfruchtkörper.

B: Nach Verletzungen des Stammfußes durch Holzrücken, Schälen des Wildes oder nach unpfleglicher Grünästung. „Rotstreifigkeit“ (e) tritt als frühes Befallsstadium auch an gesund gefällten, lagernden Stämmen bei abnehmender Holzfeuchte auf.

LIT: 11, 34, 57, 114, 140, 156, 204

Abb. 41: Verfärbung des Holzes durch verschiedene Pilze, „Bläue"

EM: Im Splintholz blauschwarze Streifen oder vollflächige Verfärbungen durch verschiedene Ascomyceten, besonders *Ophiostoma piceae* („Bläuepilze"), die mit dunklem Myzel in den Holzstrahlen wachsen und deren radialen Verlauf im Stammquerschnitt abbilden.

VM: vgl. Kiefer (Abb. 93).

B: Lagerschaden an gefällten und absterbenden Stämmen mit vermindertem Wassergehalt im Splintholz (120–50 %), z. B. durch Flächenblitz (Abb. 129b). Eintritt durch Wunden und Borkenkäferlöcher; an Fichte schwächer als an Kiefer.

LIT: 34, 204, 220

Abb. 42: Braunfäule durch Rotrandigen Baumschwamm (*Fomitopsis pinicola*)

EM: Von Wunden (a) oder Aststümpfen ausgehende Braunfäule des Reifholzes, das dunkel rotbraun verfärbt wird und würfelig zerfällt (Abb. 144 b). Fruchtkörper des Erregers (b) am Rand weiß, nach innen gelblich bis orangerot, jung mit harzig glänzender Kruste, oft mit Guttationstropfen; Oberseite später dunkelgrau, Unterseite feinporig, cremeweiß bis gelbbraun.

VM: Rotfäule (Abb. 43), dabei jedoch faserige Zersetzung des Holzes (Weißfäule).

B: Vorwiegend im Bergland an Fichte und Buche als Wundparasit oder häufiger als Saprophyt.

LIT: 26, 111, 115, 137, 140, 213

Abb. 43: Weißfäule durch den Wurzelschwamm (*Heterobasidion annosum*), „Rotfäule"

EM: Reifholz lebender Fichten von der Wurzel aus mehrere Meter aufwärts rotbraun, am Rand zum Splintholz violettgrau verfärbt (a). Holzstruktur zunächst noch fest, später faserig aufgelöst, mit länglichen weißen, in der Mitte schwarzen Flecken (b).
Fruchtkörper des Erregers flach konsolenförmig, oberseits rötlich-

43c

43d

bis dunkelbraun, am Rand und unterseits cremeweiß (c). Fruchtkörper treten in mehreren Formen auf: mit oberseits samtig behaartem Rand und feinporiger Unterseite („S-Gruppe“, meist an Fichte; Lupe, Mikro) oder mit oberseits kahlem Rand und weiteren Poren („P-Gruppe“, meist an Kiefer, daneben auch an Fichte). Fruchtkörper in Konsolenform an Stubben, selten am Fuß lebender Fichten; an Wurzeln (d) und in unterirdischen Höhlungen Fruchtkörper zu unregelmäßigen, porigen, weißen Krusten mit braunem Rand reduziert (d).

VM: Hallimasch (Abb. 38); „Wundfäule“ (Abb. 40).

B: Befall führt oft zu Stammbruch. Meist auf Böden mit hohem Kalk- und Stickstoffgehalt, auf wechselfeuchten und verdichteten Böden sowie auf früherem Ackerboden. Abnehmende Befallsintensität auf stark sauren Böden und im höheren Bergland, oberhalb 600–700 m.

LIT: 34, 134, 243

Kiefer (*Pinus*)

Kronenverlichtung durch
- mehrere komplexe Ursachen: Abb. 44
- Hagelschlag: Abb. 45
- Blattwespen (*Diprion pini*): Abb. 46
- Nonne (*Lymantria monacha*): Abb. 47
- „Kieferngroßschädlinge“: Abb. 48
- Waldgärtner-Reifungsfraß: Abb. 49

Chlorose der jüngsten Nadeln durch
- Kalkchlorose: Abb. 50
- falsche Herbizidanwendung: Abb. 51

Gelbfärbung, -fleckung, -spitzigkeit vorjähriger und älterer Nadeln durch
- normale/vorzeitige Alterung: Abb. 52
- Ozon: Abb. 53
- Winterfleckung: Abb. 54
- frühe Pilzinfektion: Abb. 55, 56
- Schildläuse (*Leucaspis* sp.): Abb. 57
- Kiefernnadelblasenrost (*Coleosporium senecionis*): Abb. 58
- Magnesium-, Kalium-Mangel: Abb. 59

Braunfärbung, -fleckung vorwiegend der jüngsten Nadeln durch
- Gallmücken (*Contarinia baeri, Thecodiplosis brachyntera*): Abb. 60
- Strobenlaus (*Eopineus* sp.): Abb. 61
- Blattkäfer (*Luperus pinicola)*: Abb. 62
- Rüsselkäferarten (*Brachonyx pineti, Brachyderes incanus*): Abb. 63, 64

Bräunung und Verlust vorjähriger und älterer Nadeln durch
- Frosttrocknis, Frost: Abb. 65, 66
- Immissionen: Abb. 67
- Auftau-, Seesalz: Abb. 68
- Kiefernschütte (*Lophodermium seditiosum*): Abb. 69
- Schwedische Kiefernschütte (*Lophodermella sulcigena*): Abb. 70
- *Dothistroma, Lecanosticta*: Abb. 71
- Schneeschimmel-Arten: Abb 72, 73

Trieb- und Wipfelschäden durch
- *Gremmeniella abietina*: Abb.74
- *Sphaeropsis sapinea*: Abb. 75
- *Cenangium ferruginosum*: Abb. 76
- Kieferndrehrost (*Melampsora pinitorqua*): Abb. 77
- Kiefernknospentriebwickler (*Rhyacionia buoliana*): Abb. 78
- falsche Herbizidanwendung: Abb. 79
- Wollläuse (*Pineus* spp.): Abb. 80
- Blasenrost-Arten (*Cronartium* spp.) an Waldkiefer und Strobe: Abb. 81
- Großen Braunen Rüsselkäfer (*Hylobius abietis*): Abb. 82
- Kiefernstangenrüssler (*Pissodes piniphilus*): Abb. 83

Borken- und Prachtkäferschäden
- Borkenkäfer: Abb. 37, 84 – 89, 142
- Prachtkäfer: Abb. 90

Wurzelfäule und Absterben durch
- Hallimasch (*Armillaria* spp.) und Wurzelschwamm (*Heterobasidion annosum*): Abb. 91
- Wurzellorchel (*Rhizina undulata*): Abb. 92

Schäden am Stammholz durch
- Bläuepilze: Abb. 93
- Kiefernbraunporling (*Phaeolus spadiceus*): Abb. 94
- Kiefernfeuerschwamm (*Phellinus pini*): Abb. 95

Abb. 44: Kronenverlichtung durch mehrere, komplex wirkende Ursachen

EM: Kronen schütter (a), oft nur mit jüngstem Nadeljahrgang. Nadeln und Triebe verkürzt; in der Kronenperipherie z.T. einzelne, vollständig kahle Zweige. Zusätzliche Verlichtung, meist nur der unteren Kronenhälfte, durch männliche Blüten, die beim Verblühen regelmäßige Benadelungslücken hinterlassen (b); natürlicher Vorgang, kein Schadsymptom.

VM: Nadelverluste durch Hagel (Abb. 45), Insektenfraß (Abb. 46–48) oder Wurzelfäulen (Abb. 91).

B: In warmen, trockenen Sommern; z.T. durch stressbedingte, vorzeitige Nadelalterung (Abb. 52). Als mögliche Stressoren kommen Trockenheit, Nährstoffmangel, Stickstoffeinträge und Ozoneinwirkung (Abb. 53) in Betracht.

LIT: 89, 101, 104, 106, 107, 188

Abb. 45: Nadelverluste, Triebschäden und Kronenverlichtung durch Hagelschlag

EM: Verlichtung ganzer Bestände (a); schüttere, büschelige Restbenadelung, kahle Aststümpfe und braun benadelte, absterbende Zweige (b). Äste oberseits mit kleinen, überwallenden Rindenwunden (c).

VM: Insektenfraßschäden (Abb. 46–49).

B: Ähnliche Schäden auch an der benachbarten übrigen Vegetation.

LIT: 22, 29, 220

Abb. 46: Kronenverlichtung durch Kiefernbuschhorn-Blattwespen

EM: Stangen- und Baumhölzer verlichtet (a) bis kahl durch die Gemeine Kiefernbuschhornblattwespe (*Diprion pini*): zunächst nur Altnadeln, später Mainadeln bis auf fadenartige Reste (b) oder kurze Stümpfe (c) befressen; Larven (c) bis 20 mm, gelblich oder grünschwarz, mit dunklen Fleckenreihen und braunem Kopf; rautenförmige Kotkrümel; braune, länglich runde, feste Kokons, im Sommer an Zweigen, Ästen und Stamm, im Winter in der Bodenstreu;
– in Jungwüchsen gleiches Schadbild durch Rote Kiefernbuschhornblattwespe (*Neodiprion sertifer*); Larven mit schwarzem Kopf.

VM: Andere Insekten (Abb. 47–49).

B: Bevorzugt an besonnten, lückigen Bestandesrändern (a).

LIT: 5, 21, 62, 162, 214 Bd. 4, 215

Abb. 47: Kronenverlichtung durch Raupenfraß der Nonne (*Lymantria monacha*)

EM: Verlichtung (a) durch Lochfraß an sich streckenden Knospen, Rillenfraß an Altnadeln, Abbeißen oberer Nadelhälften bis auf Stümpfe; Triebe fast kahl (b). Raupen bis 50 mm, hellbraun, dunkler Rückenstreif und heller „Sattelfleck" (c). Falter mit 35–60 mm Spannweite, weiß (d) oder braun mit schwarzer Zeichnung. Am Stamm glänzend braune, 15–20 mm lange Puppen und Eigelege (Eier 1 mm); am Boden Nadelreste und walzenförmige, 4–5 mm lange Kotkrümel.

VM: Andere Insekten (Abb. 46, 48, 49).

B: Fichte stirbt nach erstem Kahlfraß ab. Auch an Lärche, Tanne, Buche.

LIT: 5, 62, 86, 162, 214 Bd. 3

Abb. 48: Kronenverlichtung und Absterbeerscheinungen durch Fraß verschiedener Schmetterlingsraupen, „Kieferngroßschädlinge“

EM: Verlichtete Kronen mit braunen Nadelresten, z. B. durch Fraß des Kiefernspanners (a, g, h), oft großflächig (b, Luftbild: links befallene, rechts unbefallene Bestände).
c, d: **Forleule** (*Panolis flammea*), Falter 35 mm, Vorderflügel mit weißen „Makeln“ (c), schwärmt im April/Mai abends. Raupen bis 40 mm, grün, Längsstreifen, brauner Kopf. Fraß Mai-Juli an Knospen, Maitrieben und Altnadeln bis auf Stümpfe. Die von außen nach innen befressenen Kronen sind ab Juli braun. Einmaliger Kahlfraß kann zum Absterben von Trieben, Wipfeln („Eulenspieße“), Bäumen oder Beständen führen oder auch zu Erholung und Wiederbegrünung durch Bildung büscheliger Ersatztriebe.
e, f: **Kiefernspinner** (*Dendrolimus pini*), Falter 50–90 mm, graubraun bis rotbraun, Vorderflügel mit rundem, weißem Fleck, z.T. quer gebändert (e), schwärmt im Juli/August. Raupen (f) bis 80 mm, behaart, mit 2 blauen Nackenflecken und weißem Dreieck in Rückenmitte; Fraß im Spätsommer/Herbst an Altnadeln und nach Überwinterung der Raupen, im Frühjahr an Knospen, Maitrieben und Altnadeln. Durch frühe Entnadelung ebenso starke Schäden wie durch Forleule (c, d).
g, h: **Kiefernspanner** (*Bupalus piniarius*), Falter (g) 30–40 mm, oberseits braun mit gelbweißen Feldern; im Juni/Juli bei Sonne und Windstille auffällig um die Kronen schwärmend; Raupen bis 30 mm, grün mit hellen Längsstreifen, auch am Kopf (h, Pfeile); Juli bis September Schartenfraß an den oberen Nadelhälften bis auf die Mittelrippe, Nadelreste langsam graugrün bis braun verfärbend (a, b). Da Knospen und Maitriebe ungeschädigt bleiben, Absterben der Kiefern meist erst nach dem zweiten Kahlfraß.
i, j: **Kiefernschwärmer** (*Hyloicus pinastri*), Falter 60–80 mm, Vorderflügel mit braunen Querbinden und schwarzen Längsstrichen (i); im Juni/Juli abends schwärmend; Raupe (j) bis 80 mm, mit rotbrau-

48c

48d

48e

48f

48g

48h

48i

48j

nem Kopf, weißen Längsstreifen, orangeroten Stigmen und „Horn" am Hinterende. Fraß Juli-September (j); weniger stark schädigend. Abb. 45, 46, 47, 49, 60.

VM: In warmen Sommern und lichten Beständen, auf armen, trockenen Böden kontinentaler (c–f), bzw. humusreicheren Böden luftfeuchter subatlantischer Gebiete (g, h).

LIT: 5, 20, 62, 67 Bd. 3, 87, 214, Bd. 3

Abb. 49: Kronenverlichtung durch Kleinen oder Großen Waldgärtner (*Blastophagus minor, B. piniperda*)

EM: Schüttere, büschelige, an jüngsten Trieben z.T. fahlgrüne bis braune Benadelung, kahle Zweigstümpfe durch Abbrechen von Endtrieben (a); am Boden abgebrochene Triebe („Abbrüche“, b), die durch Reifungs- oder Regenerationsfraß der Käfer ausgehöhlt (c) und bei Wind abgebrochen wurden; Einbohrloch oft mit Harztrichter (d).

VM: Hagelschäden (Abb. 45), Kronenverlichtung durch nadelfressende Insekten (Abb. 46–48).

B: In der Nähe von liegendem oder stehendem Stammholz mit Waldgärtner-Brutfraß (Abb. 85).

LIT: 5, 10, 62, 214 Bd. 2, 215

Abb. 50: Nadelvergilbung durch Eisen- oder Mangan-Mangel, „Kalkchlorose“

EM: Kiefernkronen hellgrün bis hellgelb (a, Bildmitte) aufgrund einer Vergilbung des jüngsten Nadeljahrgangs, die von der Nadelbasis ausgeht (b) und später die ganze Nadel erfasst (c); ältere Nadeln bleiben grün (b, c). Chemische Analyse: leichte Symptome (b) hier bei Eisen-Gehalten von 70 mg/kg TM in den jungen vergilbten Nadeln und 182 mg/kg TM in den 2jährigen noch grünen Nadeln (Normalgehalte 100–400 mg/kg); starke Symptome (c) bei Eisen- oder Mangangehalten der jüngsten Nadeln unter 20–40 mg/kg TM.

VM: Andere Nährstoffmangelerscheinungen (Abb. 59).

B: Auf Kalkstandorten und Niedermooren wegen schlechter Verfügbarkeit von Eisen und Mangan.

LIT: 14, 101, 109, 131

Abb. 51: Nadelvergilbung, Deformation und Absterben durch unsachgemäße Herbizidanwendung (Wirkstoffe Dichlobenil, Propizamid)

EM: Gelbgrüne Verfärbung des jüngsten Nadeljahrgangs (a) aufgrund einer Kambiumstörung; Anschwellung der Gewebe im Bereich des Wurzelhalses (b, hier im Bild an Douglasie); betroffene Pflanzen sterben später ganz ab.

VM: Wurzelfäulen durch Pilze, z. B. Wurzelschwamm, Hallimasch, Wurzellorchel (Abb. 91, 92).

B: Bei Überdosierung bzw. ungleichmäßiger Verteilung auf leichten, humusarmen Böden; auch an anderen Baumarten, z. B. Fichte und Douglasie.

LIT: 12, 13, 151

Abb. 52: Vergilbung und Abfallen älterer Nadeljahrgänge durch Alterung

EM: Ganze Jahrgänge zwei- bis mehrjähriger Nadeln ab Spätsommer gleichzeitig von den Nadelspitzen aus gelb bis hellbraun verfärbend (a), z.T. braun gefleckt oder gebändert, im Herbst massenhaft abfallend.

VM: Nährstoffmangelerscheinungen (Abb. 59); Nadelvergilbung durch Ozon (Abb. 53); Kiefernschütte im gelbfleckigen Frühstadium (Abb. 55).

B: – Von *normaler physiologischer Alterung* (Seneszenz) sind in Mitteleuropa in der Regel die dreijährigen Nadeln der Waldkiefer betroffen (a links), in Hochlagen und bei kontinentalem Klima meist erst die vier- bis fünfjährigen Nadeljahrgänge.

– Bei *stressbedingter vorzeitiger Alterung* sind von der Verfärbung außerdem auch die zweijährigen Nadeln betroffen (a rechts). Als mögliche Ursachen kommen intensive Einstrahlung bei Trockenheit oder Frost (oxidativer Stress), Immissionsbelastung, schwache subletale Kiefernschütte in Betracht. Oft begleitet von brauner Bänderung der vergilbten Nadeln durch die Entwicklung endophytischer Pilze, z.B. *Cyclaneusma minus*, deren weißliche Fruchtkörper unter klappenartig geöffneter Epidermis auf der Nadeloberfläche erscheinen (b).

LIT: 34, 37, 144, 151, 185, 206

Abb. 53: Nadelvergilbung durch Einwirkung von Ozon

EM: Vorjährige und ältere Nadeln chlorotisch gescheckt bis ganz vergilbt, vorzeitig abfallend.
VM: Abb. 54, 55, 59.
B: Im Freiland selten; hier experimentell erzeugt (10 µg O_3/m^3 Luft).
LIT: 136, 220, 222

Abb. 54: „Winterfleckung" der Nadeln

EM: Auf belichteten Oberseiten vorjähriger und älterer Nadeln scharf begrenzte gelbe bis braune Flecke.
VM: Ozonsymptom (Abb. 53).
B: Nach Besonnung schneekristallbedeckter Nadeln und Temperaturwechsel; hier an Bergkiefer.
LIT: 73, 220

Abb. 55: Gelbfleckung durch Pilzinfektion (*Lophodermium seditiosum*)

EM: Ab Herbst auf Nadeln jeden Alters gelbe, unscharf berandete Flecke, später mit braunem Mittelpunkt.
VM: Abb. 53, 54.
B: Frühstadium der Kiefernschütte (Abb. 69).
LIT: 34, 185

Abb. 56: Gelbfleckung durch frühe Pilzinfektion (*Mycosphaerella* spp.)

EM: Besonders vorjärige Nadeln mit unscharfen gelben Flecken.
VM: Abb. 53 – 55.
B: Frühstadium von Nadelbräune durch *Mycosphaerella* spp., meist an Bergkiefer und Arve (Abb. 71).
LIT: 34, 180, 220

Abb. 57: Gelbfleckung durch Saugen von Napfschildläusen (*Leucaspis* spp.)

EM: Auf Nadelinnenseiten ovale weiße Schildläuse; an verlassenen Saugstellen unscharfe gelbe Flecke.
VM: Abb. 58, 61.
B: Bei Massenbefall Vergilbung und vorzeitiges Abfallen der Nadeln.
LIT: 214 Bd. 1; FAG

Abb. 58: Pilzinfektion und Besatz der Nadeln mit Sporenlagern von Kiefernnadelblasenrost (*Coleosporium senecionis*)

EM: Aus grünen, vorjährigen Nadeln brechen 1–3 mm breite Sporenlager (Äcidien) mit weißer, blasenartiger Hülle hervor, die unregelmäßig aufreißt und orangegelbes Sporenpulver freigibt (a, Lupe).
VM: Schildlausbefall (Abb. 57).
B: Wirtswechselnd mit Kreuzkraut, z. B. *Senecio jacobaea*, dort blattunterseits andere orangegelbe Sporenlager des Erregers (b); Vorkommen des Rostes nur an Kiefern mit Kreuzkraut in der Begleitflora.
LIT: 18, 34, 77

Abb. 59: Nadelspitzenverfärbung durch Magnesium- / Kalium-Mangel

EM: Spitzen bis obere Hälfte vorjähriger und älterer Nadeln intensiv goldgelb (a: Magnesium-Mangel) bzw. fahlgelb (b: Kalium-Mangel), mit unscharfem Übergang zum grünen Teil der Nadeln (a, b); vergilbte Nadelspitzen später rotbraun (c). Chemische Analyse: Mangelsymptome bei Magnesium-Gehalten unter etwa 0,04 %, hier (c) bei 0,03 % der Nadeltrockenmasse, bzw. bei Kalium-Gehalten unter etwa 0,35 % der TM. Sichere Unterscheidung von Magnesium- und Kalium-Mangelerscheinungen ist nur mit Hilfe der chemischen Analyse möglich.

VM: Nadelspitzenschäden durch Frost (Abb. 66), akute Immissionen (Abb. 67), Auftausalz (Abb. 68), Pilzinfektion (Abb. 71), Insekten (Abb. 62).

B: Besonders an jungen Kiefern auf armen, sandigen Heide- und Moorstandorten.

LIT: 14, 69, 71, 101, 109, 119, 235

Abb. 60: Verfärbung, Abknicken, Stauchung der Nadeln durch Gallmücken-Larven

EM: – Nadelknickende Kieferngallmücke (*Contarinia baeri*): Knicken und Abfallen der jüngsten Nadeln, besonders am Leittrieb (a); Nadelbasis braun und umgebogen (b) durch Fraß rotgelber Larven in der Nadelscheide (c, Lupe).
– Kiefernnadelscheidengallmücke (*Thecodiplosis brachyntera*): befallene Nadeln meist verkürzt, verdreht und vergilbt durch rotgelbe Larven in der Nadelscheide.

VM: Abb. 62, 63, 69.

B: In jungen Beständen auf armen, trockenen Standorten starke Entnadelung der Maitriebe, z.T. gefolgt von Triebsterben durch den schwach parasitischen Pilz (*Sclerophoma pithyophila*).

LIT: 34, 62, 214 Bd. 4

Abb. 61: Nadelknicken bei Strobe durch Strobenlaus (*Eopineus strobi*)

EM: An Saugstellen Gelbfleckung und Umknicken einzelner Nadeln, die meist vorzeitig absterben.

B: Stärkere Schäden entstehen durch das Besaugen der Rinde (Abb. 80).

LIT: 116, 214 Bd. 1

Abb. 62: Nadelspitzennekrose durch Fraß des Schwarzen Kiefernblattkäfers (*Luperus pinicola*)

EM: Obere Teile der jüngsten Nadeln gelb- bis rotbraun (a) durch Fraß der Käfer, die vorwiegend auf der Unterseite der Nadeln tiefe, rinnenförmige, harzende Wunden verursachen (b); absterbende Nadeln z.T. mit kleinen, schwarzen Pilzfruchtkörpern (*Sclerophoma pithyophila*); Fraß auch an der Rinde junger Triebe.

VM: Nährstoffmangel (Abb. 59), Frost (Abb. 66), Immissionen (Abb. 67), Pilzinfektion (Abb. 69, 71), Fraß anderer Insekten (Abb. 63, 64).

B: Starke Nadelverluste in jungen Beständen bei Trockenheit möglich.

LIT: 25, 214 Bd. 2

Abb. 63: Verfärbung und Stauchung der Nadeln durch Fraß des Kiefernnadelscheidenrüsslers (*Brachonyx pineti*)

EM: Nadeln des jüngsten Triebes braun gefleckt (a) durch Fraß der Jungkäfer, die sich durch kleine runde Löcher einbohren und im Nadelinneren fressen, wodurch ein brauner Hof um das Einbohrloch entsteht (b); durch Larvenfraß in der Nadelscheide Verkürzung, gelbbraune Verfärbung und Absterben der Nadeln (nicht abgebildet); vorzeitiger Nadelfall.

VM: Abb. 62, 69, 71.

B: Besonders auf armen oder immissionsbelasteten Standorten, oft zusammen mit Kiefernnadelscheidengallmücke (Abb. 60).

LIT: 15, 214 Bd. 2

Abb. 64: Schartenfraß durch Kiefern-graurüssler (*Brachyderes incanus*)

EM: Nadeln schmutzig graubraun (a), schartig befressen, in den Scharten weißlich eingetrocknete Harztropfen (b). Fraß besonders im oberen Teil junger Kiefern durch 8–11 mm lange Käfer (c), die bei Beunruhigung sofort zu Boden fallen.

VM: Nadelfraß durch andere Graurüssler-Arten z. B. *Strophosomus* spp., *Philopedon plagiatus*.

B: Massenvermehrungen besonders in älteren Jungwüchsen auf trockenen Sandstandorten mit wenig Bodenvegetation (a).

LIT: 62, 214 Bd. 2

Abb. 65: Nadel- und Knospenschäden durch Frosttrocknis an Bergkiefer (Legföhre)

EM: Jüngste Nadeln im Frühjahr fahlgelb bis rotbraun, später abfallend, Knospen oft tot, kein Neuaustrieb.
VM: Abb. 72, 74, 75; Knospenwicklerbefall: *Blasthecia mughiana*.
B: Im Hochgebirge in schneearmen, sonnen- und windexponierten Lagen, an Kronen- und Bestandesrändern; keine Symptome an geschützten, dauernd schneebedeckten Stellen, z. B. im Inneren der abgebildeten Bergkiefer (Pfeil: Nadeln grün mit Neuaustrieb).
LIT: 144, 145, 151, 206

Abb. 66: Nadelspitzennekrose durch Frosteinwirkung an Schwarzkiefer

EM: Fahl gelbbraune Verfärbung der Nadelspitzen mit gelbgrüner bis brauner Bänderung, scharf abgegrenzt zum grünen Nadelteil; später oft mit sekundärer Pilzbesiedelung (*Sclerophoma pithyophila*), erkennbar an punktartigen, schwarzen Fruchtkörpern auf geschädigten Nadelteilen.
VM: Nadelspitzennekrosen durch akute Nahimmissionen (Abb. 67).
B: Nach strengen Wintern, z.T. in Verbindung mit standortbedingter Prädisposition oder chronischer Immissionsbelastung; besonders an Schwarzkiefer und Strobe.
LIT: 144, 145

Abb. 67: Schäden durch Fluorwasserstoff- und Schwefeldioxid-Immissionen

EM: Bei *akuter Belastung* von den Nadelspitzen aus gelb- bis rotbraune Verfärbung aller Nadeljahrgänge (a), mit scharfer Begrenzung, z.T. mit dunklem Querband am Übergang zum grünen Nadelteil; dazwischen oft noch einzelne grüne Nadeln (b); bei *chronischer Belastung* vorzeitige Alterung (Abb. 52); Absterben von Trieben, Ästen und ganzen Bäumen. Chemische Analyse: Symptome durch SO_2 (a) ab etwa 0,2 % Schwefel, durch Fluorwasserstoff (b) ab etwa 50 mg/kg Fluor in der Trockenmasse.

VM: Schäden durch Frost (Abb. 66), Salz (Abb. 68), Nährstoffmangel (Abb. 59), Pilze (Abb. 69–71).

B: Im Lee der Nahemittenten von Fluor (z. B. Aluminiumwerke, Ziegeleien) bzw. von SO_2.

LIT: 14, 129, 220

Abb. 68: Schäden durch chloridhaltiges Auftausalz oder verwehtes Seesalz

EM: Nadeln aller Jahrgänge von den Spitzen aus braun verfärbt, vorzeitig abfallend (a), z.T. Absterben von Knospen und Triebspitzen. Chemische Analyse: Symptome ab etwa 0,3 % Chlorid in der Trockenmasse der Nadeln.

VM: Abb. 59, 66, 67.

B: In Straßennähe (b), bei Schmelzwasserabfluss in benachbarte Bestände auch weiter entfernt davon sowie in Küstennähe durch salzhaltigen Seewind, besonders nach Sommerstürmen. Schäden an Einzelkronen und Bestandesrändern stets luvseitig stärker als in Lee.

LIT: 14, 58, 68, 144

69a

69c

69d

69b

69e

Abb. 69 (vorhergehende Seite): Verbräunung und Abfallen der Nadeln durch Pilzinfektion (*Lophodermium seditiosum*), „Kiefernschütte"

EM: Im April/Mai vorjährige und ältere Nadeln fleckig rotbraun (a), am Baum von unten nach oben fortschreitend (b). Ab Mai Abfallen verfärbter Nadeln, in denen sich anschließend am Boden Fruchtkörper des Erregers entwickeln. Diese sind bei Trockenheit geschlossen (c, oben), bei Nässe offen (c, unten) und entlassen Sporen zur Neuinfektion. Auf infizierten Nadeln ab Herbst feine, unscharf begrenzte, gelbe Flecke mit brauner Mitte (Abb. 55), die über Winter ganz gelbbraun (d) und bis zum nächsten Frühjahr rotbraun werden (a).

VM: *L. pinastri*: Nadeln mit schwarzen Querlinien (s. Abb. 17 a); Alterung (Abb. 52); andere Nadelpilze (Abb. 70, 71); Insekten (Abb. 60–64).

B: Nach feuchten Sommern in jungen Beständen, bei hohem Infektionsdruck auch in Altbeständen. Bei wiederholtem Befall Zuwachsminderung (e) und z.T. Absterben.

LIT: 34, 37, 158, 185

Abb. 70: Verbräunung und Abfallen der Nadeln durch Pilzinfektion (*Lophodermella sulcigena*), „Schwedische Kiefernschütte"

EM: Nur jüngste Nadeln in ihrem oberen Teil rotbraun bis graubraun mit schwach violetter Tönung verfärbt und scharf abgegrenzt vom grün bleibenden, basalen Nadelteil (a). Bis zum nächsten Frühsommer bleichen die infizierten, aber noch anhaftenden Nadeln graugelb aus, und es entwickeln sich in ihnen die 5–20 mm langen, streifenförmigen, braunen bis grauen Fruchtkörper des Erregers (b), von denen die erneute Infektion der neuen Mainadeln ausgeht. Im Herbst des zweiten Jahres, fallen die infizierten Vorjahresnadeln ab.

VM: Frosttrocknis (Abb. 65); andere Nadelpilze (Abb. 69, 71).

B: In Skandinavien an Waldkiefern, in den Alpen an Bergkiefern.

LIT: 34, 154, 220

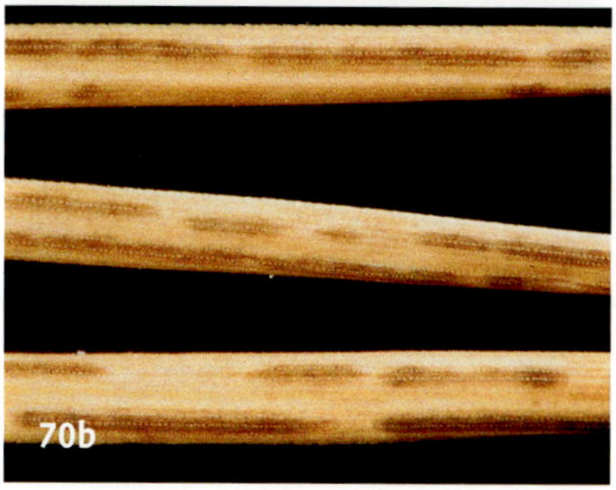

71a

71b

71c

Abb. 71: Nadelbräune durch Pilzinfektion (*Dothistroma septospora*, *Lecanosticta acicola*; Hauptfruchtformen: *Mycosphaerella pini*, *M. dearnessii*)

EM: Nadeln bis auf büschelige Reste an jüngsten Trieben braun oder fehlend (a). Jüngste und vorjährige Nadeln zunächst gelb gefleckt (Abb. 56), später entweder
- mit ziegelroten Querbändern, aus denen schwarze, z.T. mit rotem Farbstoff belegte Pilzfruchtkörper hervorbrechen (b): „Dothistroma-Nadelbräune“ oder
- mit gelb umrandeten, braunen, runden bis bandförmigen Flecken (c): „Lecanosticta-Nadelbräune“.

Sichere Unterscheidung der Arten mikroskopisch (Sporen). Infizierte Nadeln später von der Spitze aus braun (c), aber noch 2–3 Jahre am Trieb anhaftend (a).

VM: Abb. 52, 59, 62, 63, 66, 67, 69.

B: An Bergkiefer, Arve, Schwarzkiefer, seltener an Kiefer, Douglasie, Lärche, Fichte; unter feuchten Bedingungen, besonders im Gebirge.

LIT: 34, 1542, 176, 180, 220

Abb. 72: Schäden an Nadeln und Zweigen durch Schwarzen Schneeschimmel (*Herpotrichia juniperi*), hier an Bergkiefer (*Pinus mugo*)

EM: Nadeln und Zweige von schwarzbraunem Pilzmyzel dicht umsponnen (a), ab dem 2. Jahr mit kugelförmigen, 0,2–0,5 mm großen Pilzfruchtkörpern (Lupe). Nadeln in Büscheln abfallend; Triebe z.T. abgestorben (b). Junge Koniferen können auch ganz absterben.

B: Im Gebirge unter Schnee, nach dem Ausapern sichtbar; u.a. auch an Arve, Fichte (Abb. 21), Tanne.

LIT: 8, 34, 171

Abb. 73: Schäden an Nadeln und Zweigen der Arve durch Weißen Schneeschimmel (*Phacidium infestans*)

EM: Nadeln der unteren, im Winter schneebedeckten Äste nach der Schneeschmelze fahlgelb bis hellbraun herabhängend (a). Rinde und Knospen befallener Zweige sowie junge, ganz eingeschneite Bäume sterben ab. Im Sommer auf den ausbleichenden Nadeln Fruchtkörper des Erregers als dunkle, ovale Punkte unter der geschlossenen Nadeloberfläche, dann mit zerfetztem Rand und beigebrauner Fruchtschicht aufbrechend (b, Lupe).

VM: Abb. 72, 74.

B: Erst beim Ausapern sichtbar; vorwiegend an Arve, seltener an Bergkiefer, Tanne, Fichte, Wacholder.

LIT: 34, 171

Abb. 74: Triebsterben durch den Pilz *Gremmeniella abietina* (Syn.: *Ascocalyx abietina, Scleroderris lagerbergii*; Nebenfruchtform: *Brunchorstia pinea*)

EM: Im Frühjahr und Sommer an den Triebspitzen braune, von ihrer Basis aus absterbende Nadeln (a, hier an Arve). Endknospen und jüngste Triebe tot (b, c, hier an Schwarzkiefer). Unterhalb toter Triebspitzen z.T. Ersatztriebe (c); bei starkem Befall Absterben junger Bäume. Ab Herbst an toten Trieben schwarze, etwa 0,5 mm große Pyknidien von *Brunchorstia pinea* (Abb. 26 c, Lupe), seltener die bis 1,5 mm großen, bei Feuchtigkeit scheibenförmig geöffneten, hellgrauen Apothecien des Erregers.

VM: Abb. 75, 76.

B: An Kiefernarten und Fichte (Abb. 26) in dichten Jungbeständen bei kühlfeuchter Witterung; im Hochgebirge meist an Schatthängen.

LIT: 34, 40, 171

Abb. 75: Trieb-, Ast- und Kronensterben durch den Pilz *Sphaeropsis sapinea* (Syn.: *Diplodia pinea*), „Diplodia-Triebsterben“ der Kiefer

EM: In der Krone von unten nach oben fortschreitende Bräunung der jüngsten Nadeln und Triebe (a). Von dort aus kann der Befall auf die Rinde von Zweigen, Ästen und des Zopfs übergreifen (b links: nach Abtragen der Borke sind braune Rindennekrosen an Zopf und Ästen sichtbar). Auf befallener Rinde bei Befeuchtung Pilzfruchtkörper als kleine schwarze Kegel erkennbar (b, rechts, Lupe). Holz unter befallener Rinde verblaut (c; s. auch Abb. 93). Bei fortgeschrittenem, Äste und Zopf umfassendem Befall ganze Krone braun benadelt und absterbend.

VM: Triebsterben durch andere Pilze (Abb. 74, 76).

B: Verstärktes Auftreten unter feucht-warmen Bedingungen, bei warmer, jedoch im Frühjahr feuchter Witterung, besonders in luftfeuchten Lagen, z. B. Flussniederungen und bei zusätzlicher Prädisposition durch Dichtstand (Lichtmangel) oder starke Nadelverluste durch Insektenfraß (z. B. Abb. 46–48).

LIT: 34, 220

Abb. 76: Triebsterben durch den Pilz *Cenangium ferruginosum*, „Triebschwinden" der Kiefer

EM: Absterben der jüngsten Triebe (a), deren Nadeln von ihrer Basis aus aufwärts verbräunen und abfallen. Auf toter Rinde 1–2 mm große Apothecien des Erregers, die bei Feuchtigkeit schüsselförmig geöffnet (b), bei Trockenheit kugelartig geschlossen sind.
VM: Abb. 74, 75.
B: In Jungwüchsen und Stangenhölzern nach Vorschädigung bzw. Prädisposition besonders durch Trockenheit sowie durch Frost oder Gallmückenbefall (Abb. 60).
LIT: 34, 62

Abb. 77: Deformation und Absterben junger Triebe durch Kieferndrehrost (*Melampsora pinitorqua*)

EM: An Infektionsstellen Abwärtskrümmung der Maitriebe, gelbe Äcidien und Rindennekrosen mit braunen, abfallenden Nadeln (a). Solche Triebe können sich unter S-förmiger Krümmung wieder aufrichten (b) oder nach zusätzlichem Befall durch Grauschimmel (Abb. 25) absterben. Wiederholter Befall führt zur Verbuschung.
VM: Kiefernknospentriebwickler (Abb. 78).
B: In Jungwüchsen mit benachbartem Vorkommen von Aspen, die dem Erreger als Wechselwirt dienen. Der Befall an Aspen äußert sich in Form gelber Pusteln auf der Blattunterseite (ähnlich Abb. 292).
LIT: 18, 34, 62, 77, 153

Abb. 78: Deformation durch Kiefernknospentriebwickler (*Rhyacionia buoliana*)

EM: Im Winter am endständigen Knospenquirl des Leittriebes junger Kiefern verharzte Kapseln mit einzelnen, durch Fraß brauner Larven ausgehöhlten Seitenknospen. Aus Terminalknospen solcher Quirle entwicklen sich verkrümmte Maitriebe mit verharztem Gespinst an ihrer Basis (a), die früh absterben oder überleben und zu „Posthorn"-förmigem Terminaltrieb verholzen (b); danach oft Zwieselbildung.

VM: Abb. 77; verwandte Wicklerarten.

B: In Dickungen und Stangenhölzern, auf armen trockenen Standorten.

LIT: 5, 62, 194, 214 Bd. 3, 215

Abb. 79: Schäden durch unsachgemäße Herbizidanwendung (Wirkstoff: Glyphosat)

EM: Bei Frühjahrsanwendung Maitriebe verkrümmt, mit toten Spitzen (a). Bei Herbstanwendung Knospensucht (b links) und Stauchung der neuen Seitentriebe (b rechts).

VM: Abb. 77, 78.

B: Bei Anwendung vor Abschluss von Wachstum und Knospenbildung im Spätsommer und bei Überdosierung.

LIT: 12, 13

Abb. 80: Befall durch Europäische Kiefernwolllaus (*Pineus pini*) an Kiefer (*Pinus sylvestris*) und Strobenrindenlaus (*Eopineus strobi*) an Strobe (*Pinus strobus*)

EM: Weißer Belag durch die in dichter Wachswolle sitzenden Sommerstadien der Läuse, bei Waldkiefer an jungen Trieben und Zweigen (a, b), bei Strobe auch an Ästen und am Stamm (c). Nadeln knicken (Abb. 61), verbräunen und brechen ab (a). Bei starkem Befall Absterben von Trieben, bei Strobe auch von Ästen und ganzen Bäumen.

VM: Napfschildläuse (Abb. 57).

B: Besonders an jungen, beschatteten Bäumen.

LIT: 5, 15, 194, 214 Bd. 1, 215

Abb. 81: Kiefernrindenblasenrost, „Kienzopf", (*Endocronartium pini* oder *Cronartium flaccidum*) und Weymouthskiefernblasenrost (*Cronartium ribicola*)

EM: Nadeln einzelner Äste oder der ganzen Oberkrone gelb, später braun und abfallend (d). Erreger dringen über lebende Nadeln, die gelbfleckig werden, in die Rinde von Zweigen und Ästen ein. Rinde 1–2jähriger Infektionsstellen anfangs noch grün, später gelbgrün, am Rand braun (a, hier an Strobe). Rinde älterer Infektionsstellen harzend, an den fortschreitenden Außenrändern etwas angeschwollen und mit blasenartigen, gelben Äcidien besetzt (b). Infektionsstellen am Stamm stets an Astquirlen (c), über die die Infektion erfolgt. Alte Infektionsstellen eingesunken, grindig, schwarzbraun, mit Harz weißlich verkrustet („verkient"). Kronenteile oberhalb der Infektionsstellen sterben ab (d).

VM: Schadbild an Kiefer und Strobe gleich, nur unterschieden durch die wirtsspezifischen Erreger:

B: – an Kiefer im nördlichen Mitteleuropa *Endocronartium pini* ohne Wirtswechsel, im Süden *Cronartium flaccidum* mit Wirtswechsel z. B. zu *Vincetoxicum*-Arten;
– an Strobe *Cronartium ribicola* mit Wirtswechsel zu *Ribes*-Arten, besonders Schwarzer Johannisbeere, an der blattunterseits gelbe, säulenförmige Teleutosporenlager auftreten (Abb.: FAG).

LIT: 18, 34, 62, 77, 220

Abb. 82: Schäden durch Großen Braunen Rüsselkäfer (*Hylobius abietis*)

EM: Bevorzugt an 2–3jährigen Trieben junger sowie in Kronen älterer Kiefern rundliche, trichterförmige, oft harzende Fraßstellen mit z.T. grindigem Aussehen durch Käferfraß; bevorzugt am unteren Teil und am Wurzelhals der Pflanzen. Bei dichtem Besatz mit Fraßstellen kränkeln junge Pflanzen oder sterben durch Ringelung der Rinde ab (Abb. 141). Käfer 6–14 mm lang.

VM: Reifungsfraß an Stammfuß und Wurzeln durch *Hylastes*-Arten.

B: In Nadelholz-Kulturen auf Flächen mit frischen Nadelholzstubben.

LIT: 5, 62, 214 Bd. 2, 215

Abb. 83: Wipfelsterben durch Kiefernstangenrüssler (*Pissodes piniphilus*)

EM: Im Wipfel und der Oberkrone 30–50jähriger Kiefern Spechtabschläge, Kümmern und Absterben von Trieben sowie Harzaustritt durch Larvenfraß in dünnborkiger Rinde. Unter der Rinde 10–15 cm lange schmale, später breitere, gewundene Larvenfraßgänge, am Ende mit in das Splintholz eingesenkter, längs gerichteter Spanpolster-Puppenwiege (a). Käfer 4–6 mm lang (b).

VM: *Pissodes pini* in Kronen älterer, *P. notatus* an jüngeren Kiefern.

B: Befall nach Vorschädigung durch Immissionen, Kienzopf oder Blattwespen trägt zum Absterben bei.

LIT: 5, 214 Bd. 2, 215

Abb. 84: Befall durch Zwölfzähnigen Kiefernborkenkäfer (*Ips sexdentatus*)

EM In dickborkiger Stammrinde 3–5 bis zu 80 cm lange und 3–4 mm breite Längsgänge (a), die von einer großen Rammelkammer (b Pfeil) ausgehen und das Splintholz tief furchen, mit entsprechend starkem Auswurf von hellbraunem Bohrmehl. Käfer 5,5–8 mm lang, hell- bis dunkelbraun (c).

VM: Großer Waldgärtner (Abb. 85).

B: Bevorzugt an frisch gefällten, besonnten Stämmen. Bei Prädisposition durch Trockenheit, Bodenfeuer, Kahlfraß (Abb. 46–48) und bei örtlicher Massenvermehrung in liegendem Holz können auch stehende Kiefern befallen werden.

LIT: 5, 62, 83, 172, 214 Bd. 2

Abb. 85: Brutfraß des Großen und Kleinen Waldgärtners (*Blastophagus piniperda, Blastophagus minor*), Reifungs- und Regenerationsfraß s. Abb. 49

EM: – *Großer Waldgärtner*: in dickborkiger Rinde bis zu 12 cm lange Längsgänge, an liegenden Stämmen mit kurzer Abwärtskrümmung („Krückstock"), weiß berandet durch Harzinkrustierung (a); außen am Einbohrloch oft Harztrichter (a, kleines Bild). Käfer 3,5–4,8 mm; beiderseits der Flügelnaht endet je eine Körnchenreihe des Rückens schon oberhalb des Absturzes (b, Pfeil).
– *Kleiner Waldgärtner*: In dünnborkiger Rinde zweiarmige, 6–8 cm lange, den Splint furchende Quergänge mit 2–3 cm langen, vertikalen Larvengängen, an deren Ende Puppenwiegen im Holz (Löcher). Käfer 3,4–4 mm (d), mit durchgehenden Körnchenreihen bis zum hinteren Ende des Absturzes.

VM: Andere Käfer, z. B. Abb. 90.

B: An frisch gefällten, durch Wind geworfenen sowie vorgeschädigten und absterbenden Kiefern.

LIT: 5, 62, 83, 172, 214 Bd. 2, 215

Abb. 86: Befall durch Zweizähnigen Kiefernborkenkäfer (*Pityogenes bidentatus*)

EM: In dünnborkiger Ast- und Stammrinde sternförmiges Brutbild mit 3–7 relativ kurzen, wie die Rammelkammer in den Splint eingesenkten Muttergängen und langen Larvengängen (a); Käfer 1,8–2,8 mm, mit sehr kleinen ersten Absturzzähnen und langen, fast waagerechten zweiten Zähnen (b).

VM: *P. chalcographus*, *Ips acuminatus* (Abb. 33 f, 87), diese jedoch mit kürzeren Larvengängen.

B: In Ästen und Wipfeln vorgeschädigter Stangen- und Baumhölzer; in heißen, trockenen Sommern auch an Jungwüchsen.

LIT: 5, 10, 62, 83, 214 Bd. 2

86a

86b

Abb. 87: Befall durch Sechszähnigen Kiefernborkenkäfer (*Ips acuminatus*)

EM: In dünnborkiger Rinde von Stamm und Ästen aller Stärken 2–5 relativ lange, wie die Rammelkammer in den Splint eingesenkte Muttergänge mit weitständigen, alternierenden Ei-Nischen, kurzen Larvengängen (a) und bis in den Splint reichenden Puppenwiegen (a, Löcher). Käfer 2.2–3,5 mm lang (b).

VM: *Pityogenes bidentatus*, *P. chalcographus* (Abb. 86, 33).

B: Sekundär auf locker bestockten Schlag- und Brandflächen, auch an Schlagabraum. Kann auch auf gesunde Kiefern übergehen und örtlich größere Bedeutung erlangen; überträgt Bläue (Abb. 93).

LIT: 5, 10, 62, 83, 172, 214 Bd. 2

87a

87b

Abb. 88: Befall durch Vielzähnigen Kiefernborkenkäfers (*Orthotomicus laricis*)

EM: In dünnborkiger Rinde bis 6 cm lange Brutsysteme mit platzartig erweiterter Rammelkammer und kurzen, unregelmäßig fingerförmigen, längs gestreckten Muttergängen (a); Käfer 2,5–2,8 mm, rotbraun, Absturz mit 10 kreisförmig angeordneten Zähnen (b).

VM: Abb. 86, 87.

B: An gefällten, windgeworfenen oder stark vorgeschädigten Kiefern.

LIT: 62, 83, 214 Bd. 2

Abb. 89: Befall des Stammholzes durch Amerikanischen Nutzholzborkenkäfer (*Gnathotrichus materiarius*)

EM: Im Holz 1 mm breite, horizontale, geschwungene Radialgänge, die bis zum Kernholz reichen. Davon abzweigende, den Jahrringen folgende Muttergänge (a) und kurze, vertikale, im Längsschnitt als Leitersprossen, im Querschnitt als Löcher erscheinende Larvengänge. (Abb. 37 b). Käfer schmal zylindrisch, 3,2–3,5 mm lang (b).

VM: Gestreifter Nutzholzborkenkäfer (Abb. 37), der auch an Kiefer häufig vorkommt.

B: Eingeschleppt aus Nordamerika; in Europa meist an Kiefer, daneben an Fichte, Lärche, Douglasie. An frisch gefällten oder stark vorgeschädigten Bäumen. Kann durch Übertragung von Bläuepilzen (Abb. 93) zum Absterben stehender Bäume beitragen.

LIT: 5, 83, 214 Bd. 2

Abb. 90: Absterben durch Blauen Kiefernprachtkäfer (*Phaenops cyanea*)

EM: An dickborkigen Stammteilen Spechthiebe und lose Rinde (a). Im Bast braune, schmale Fraßgänge junger und bis zu 8 mm breite, zickzackartige Gänge älterer Larven (b) mit bogig geschichtetem Bohrmehl (c, rechts). Larven „kochlöffelförmig“, bis 28 mm (c). Käfer 7 bis 12 mm, blaugrün mit braunen Augen (d). Ausflugloch der Jungkäfer aus der Borke linsenförmig, bis zu 5 mm breit.

VM: Borkenkäferbefall (Abb. 84, 85).

B: In heißen, trockenen Sommern Stehendbefall an besonnten, prädisponierten Stämmen.

LIT: 5, 62, 172, 214 Bd. 2, 215

Abb. 91: Wurzelfäule und Absterben durch Hallimasch (*Armillaria ostoyae*) oder Wurzelschwamm (*Heterobasidion annosum*), „Ackersterbe"

EM: Gesamte Benadelung schütter, fahl graugrün bis gelbgrün (a, rechts), später braun (a, links); Wurzelrinde innen braun, außen z.T. harzend; Bäume sterben ab.

VM: – Bei *Hallimaschbefall* am Stammfuß unter der Rinde weißes Myzel (anschneiden), an Wurzeln außen anhaftende Rhizomorphen (Abb. 38 b, e), seltener Fruchtkörper (b).
– Bei *Wurzelschwammbefall* am Stammfuß konsolenförmige (c) oder zu flacher Porenschicht reduzierte Fruchtkörper (d); Konsolen braun mit weißem Rand (c), unterseits feinporig weiß (d). Holz befallener Wurzeln faserig zersetzt, weißfaul (d).

VM: Abb. 75, 84–90.

B: *H. annosum* oft auf armen Sandstandorten, besonders Ackeraufforstungen; erhöhte Gefahr von Windwurf und sekundärem Borken- und Prachtkäferbefall.

LIT: 134, 169, 243

Abb. 92: Wurzelfäule durch Befall der Wurzellorchel (*Rhizina undulata*)

EM: Wurzeln absterbender junger Kiefern und anderer Koniferen von weißem Myzel umsponnen (a). Am Boden rundlich gewölbte, 3–8 cm große Fruchtkörper des Erregerpilzes (b), die oberseits hellbraun, später dunkelbraun, am Rand und unterseits gelbweiß gefärbt sind, später schwarz werden und zerfallen (a, links).

B: Auf armen sauren Sandböden nach Aktivierung des Erregers durch Waldbrand (c, Mitte): in abgebranntem Kiefernstangenholz gepflanzte junge Kiefern durch Wurzellorchelbefall abgestorben. Naturverjüngung und Laubbaumarten werden nicht befallen.

LIT: 34, 102

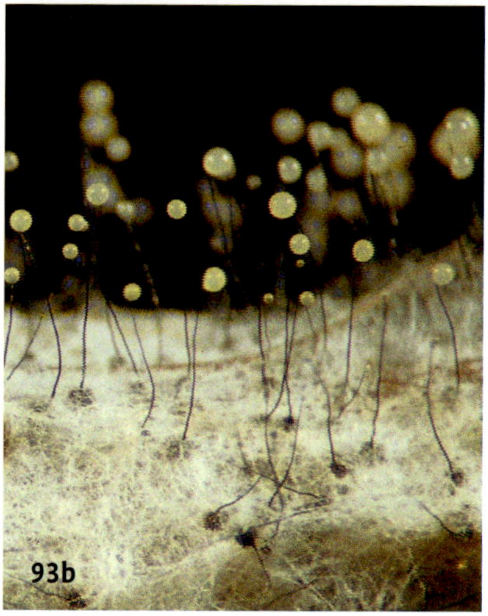

Abb. 93: Verfärbung des Splintholzes durch Pilzbesiedlung („Bläuepilze“)

EM: Im Splintholz radiale blauschwarze Segmente (a), verursacht durch das dunkle, in den Holzstrahlen wachsende Myzel, z. B. der häufigen Art *Ophiostoma piceae.* Der Pilz bildet auf feuchtem Substrat fadenartige Graphien (b) mit ungeschlechtlichen Sporen in apikalen Tropfen oder ca. 1 mm hohe, kugelige, gesschnäbelte Perithecien (c, Lupe).

B: Im austrocknenden Splint lagernder oder absterbender Stämme, z. B. durch Wurzelfäulen (Abb. 91) oder Flächenblitz (Abb. 129 b). Übertragung der Bläuepilze durch rinden- und holzbrütende Käfer oder Eindringen über Wunden.

LIT: 34, 175

Abb. 94: Braunfäule des Wurzel- und Stammholzes durch Kiefernbraunporling (*Phaeolus spadiceus,* Syn.: *P. schweinitzii*), „Stockfäule"

EM: Kernholz am Stammfuß gelbbraun, bis dunkelbraun, radialrissig, würfelig brechend, mit Terpentingeruch und gelbweißem, flockigem Myzel in den Schwundrissen (Abb. 144 a); als Folge Stammbruch (a). Bis 30 cm breite Fruchtkörper des Erregers zu mehreren übereinander konsolenförmig am Stammfuß (a, b) oder kurz gestielt, scheinbar frei auf dem Boden, jedoch aus flach streichenden Wurzeln entspringend (c). Fruchtkörper einjährig (Mai bis Oktober), weichfleischig, filzig, anfangs überwiegend gelb (b), später rost- bis dunkelbraun mit gelbem Rand (c) und unterseits großen, grünlich gelben, eckigen Poren (b), die sich bei Druck und Alterung schwarzbraun verfärben.

VM: Braunfäule durch Krause Glucke (*Sparassis crispa*); Weißlochfäule („Bienenrosigkeit") durch Kiefern-Filzporling (*Pelloporus triqueter*), letzterer mit einjährigen, kurz gestielten, kegelförmigen, filzig rostbraunen Fruchtkörpern, unterseits mit graubraunen, z.T. silbrig bereiften Poren. Die Fäule gleicht der in Abb. 95 c, ist aber wurzelbürtig.

B: An Kiefer, Lärche, Douglasie (vgl. Abb. 144), Fichte; auf reicheren sandigen oder nassen Böden. Infektion über verletzte, tote oder Hallimasch-infizierte Wurzeln.

LIT: 115, 140, 202, 203, 213, 220

Abb. 95: Weißlochfäule (Wabenfäule) durch Kiefern-Feuerschwamm, Kiefern-Baumschwamm (*Phellinus pini*)

EM: Am Stamm älterer Kiefern meist unterhalb von Aststümpfen oder Astlöchern langlebige, konsolenförmige Pilzfruchtkörper (a) mit harter, konzentrisch gefurchter, graubrauner Oberseite, filzigem, rostbraunem Rand, graugelber bis graubrauner Unterseite und darin großen, länglich runden Poren. Oberseite im Alter radialrissig, oft mit Flechten besetzt. Kernholz im Querschnitt ringförmig (b), im Längsschnitt wabenartig zersetzt, mit länglichen, weißen, mit Zellulose angereicherten Kavernen (c).

VM: Am Stammfuß „Bienenrosigkeit", selten (s. Abb. 94, VM).

B: In lückigen, astigen Altbeständen, vorwiegend in kontinental getöntem Klima. Infektion des Kernholzes über verkernte Aststümpfe.

LIT: 34, 62, 90, 111, 115, 137, 140

Tanne *(Abies)*

Kronenverlichtung älterer Tannen durch
- komplexe Ursachen, „Tannensterben“: Abb. 96

Nadelverfärbungen durch
- Magnesiummangel, vorjährige und ältere Nadeln gelb, teils braunspitzig: Abb. 97
- Kaliummangel, vorjährige und ältere Nadeln rotbraun, teils gelb: Abb. 98
- Manganmangel, jüngste Nadeln der unteren Krone gelblich: Abb. 99
- mehrfacher Nährstoffmangel, jüngste Nadeln gelb, teils rot: Abb. 100

Bräunung und Absterben von Nadeln des jüngsten Jahrgangs durch
- Frost, Frosttrocknis: Abb. 101
- Schwefeldioxid-Immission: Abb. 102
- Verschiedene Pilze (*Kabatina abietis*, *Sclerophoma xenomeria*, *Rhizosphaera* sp.): Abb. 103
- Tannennadel-Säulenrost (*Pucciniastrum epilobii*): Abb. 104

Bräunung und Absterben älterer oder aller Nadeln durch
- Tannennadelritzenschorf (*Lirula nervisequia*): Abb. 105
- Tannennadelbräune (*Herpotrichia parasitica*): Abb. 106
- Nadel- und Zweigschimmel (*Rosellinia mycophila*): Abb. 107

Verfärbung, Beschädigung, Verlust von Nadeln oder Nadelteilen durch
- Tannennadelmotte (*Argyresthia fundella*), Minierfraß: Abb. 108
- Rüsselkäfer (*Polydrosus atomarius*), Fraß an Nadeln und Trieben: Abb. 109

Deformationen, weißer Belag am Stamm, Trieb- und Wipfelsterben durch
- Tannenkrebs (*Melampsorella caryophyllacearum*): Abb. 110
- Tannentriebläuse und Stammläuse (*Dreyfusia* spp.): Abb. 111
- Grauschimmel (*Botrytis cinerea*), s. Douglasie: Abb. 25, 139
- Kupfermangel, s. Douglasie: Abb. 138

Besatz der Äste mit rundlichen, grünen Triebbüscheln durch
- Tannenmistel: Abb. 112

Borkenkäfer-Schäden durch
- Krummzähnigen Tannenborkenkäfer (*Pityokteines curvidens*): Abb.113
- Kleinen Tannenborkenkäfer (*Cryphalus piceae*): Abb.114
- Gestreiften Nutzholzborkenkäfer (*Trypodendron lineatum*), s. Fichte: Abb. 37

Absterben an Wurzelfäule durch
- Hallimasch (*Armillaria* spp.), wie an Fichte: Abb. 38

Holzfäule im Stamm durch
- Wurzelschwamm (*Heterobasidion annosum*), s. Fichte: Abb. 43

Radialrisse im Stamm von Nordmannstanne durch
- Trockenheit, s. Fichte: Abb. 39

Abb. 96: Kronenverlichtung, Wachstumsstockung und Absterben durch komplexe Ursachen, „Tannensterben"

EM: Nadelverlust in der Krone von unten nach oben und innen nach außen fortschreitend. Unterhalb des zunächst noch dicht benadelten Wipfels fensterartige Verlichtung, weiter unten am Stamm Wasserreiser (a). Durch Wachstumsstockung frühzeitige Abflachung des Wipfels (a: „Storchennest"), die an gesunden Tannen erst später einsetzt. Absterben von Stark- und Feinwurzeln. Im Holz von Stammfuß und Wurzelanläufen feuchter, dunkler Bereich mit trockenem, hellem Rand (b), der als „pathologischer Nasskern" im Gegensatz zum normalen Nasskern über das zentrale Reifholz hinaus auch auf den Splint übergreift, der durch Wurzelfäulen ausgelöst wird und durch Bakterienbesiedlung säuerlich riecht. Am Stammfuß absterbender Tannen unter der Rinde oft weißes Myzel (Abb. 38 b) durch sekundäre Hallimasch-Infektion.

VM: Wipfelstauchung durch normale Alterung.

B: Wahrscheinlicher Ursachenkomplex: Primäre Schwächung durch langjährige SO_2-Belastung und, zumindest teilweise, Wurzelschäden durch *Phytophthora*-Infektion. Dadurch erhöhte Frost- und Trockenheitsempfindlichkeit, die zu Nadelverlusten, weiterer Schwächung, Hallimasch-Befall und Absterben besonders in Trockenjahren führt. Nach Rückgang der SO_2-Belastung Erholung der Tannen und Rückgang des Absterbens.

LIT: 17, 53, 63, 65, 208

Abb. 97: Nadelvergilbung durch Magnesium-Mangel

EM: Vorjährige und ältere Nadeln gelb- bis braunspitzig oder ganz gelb; Symptome bei 0,02–0,07 % Magnesium in der Nadeltrockenmasse.
VM: Kalium-Mangel (Abb. 98).
LIT: 14, 69, 109, 119, 235

Abb. 98: Verfärbung vorwiegend älterer Nadeln durch Kalium-Mangel

EM: Vorjährige und ältere Nadeln von der Spitze aus gelb, dann braun; Nachweis und Unterscheidung von Magnesium-Mangel durch chemische Analyse: Symptome unter etwa 0,35 % Kalium in der TM.
VM: Magnesium-Mangel (Abb. 97).
LIT: 14, 109, 119 235

Abb. 99: Nadelvergilbung durch Mangan-Mangel, „Kalkchlorose"

EM: Jüngste Nadeln der unteren Krone gelb, Wipfel noch grün. Chemische Analyse: Symptome bei Mangan-Gehalten unter 20 mg/kg, hier bei 8 mg/kg in der Trockenmasse.
VM: Abb. 97, 98, 100.
B: Besonders bei Bodentrockenheit.
LIT: 14, 109, 119, 131, 235

Abb. 100: Nadelverfärbung durch Mangel an mehreren Hauptnährelementen

EM: Goldgelbe und rote Verfärbung der jüngsten Nadeln. Die chemische Analyse zeigt Mangel an Stickstoff (bei Gehalten von 0,6–0,8 %), Phosphor (bei 0,08–0,14 %), Kalium (bei 0,29–0,39 %), Magnesium (bei 0,05–0,06 %) in der TM.
LIT: 14, 119, 235

Abb. 101: Verfärbung der jüngsten Nadeln durch Frost und Frosttrocknis

EM: Nadeln des jüngsten Jahrgangs im Spätwinter und Frühjahr zunächst fahl graugrün, später rotbraun verfärbt (a, c), vorzeitig abfallend. Bei Schädigung durch
- *Frost* (a, hier an Küstentanne) nur distaler Teil der Nadeln verfärbt, vom grünen, basalen Nadelteil durch gelbgrüne Übergangszone mit scharfem, bräunlichem Rand getrennt (b); bei Schädigung durch
- *Frosttrocknis* Nadeln meist vollständig rotbraun verfärbt; z.T. auch Knospen der jüngsten Triebe geschädigt und nicht mehr neu austreibend.

VM: Akute Immissionsschäden, z.B. durch SO_2. (Abb. 102), Pilzinfektionen (Abb. 103–106).

B: Besonders auf der Süd- und Westseite der Kronen bei winterlicher Besonnung und anhaltendem, scharfem Frost mit Bodenfrost.

LIT: 144, 145, 151, 206

Abb. 102: Nadelschäden durch Schwefeldioxid-Immission

EM: Im Sommer an Nadeln der jüngsten Triebe gelbbraune bis rotbraune, scharf begrenzte Spitzennekrosen; chemische Analyse: Symptome ab etwa 0,2 % Schwefel in der TM.

VM: Frost, Frosttrocknis (Abb. 101); Pilzinfektionen (Abb. 203–206).

B: Schwefeldioxidbelastung erhöht die Frostempfindlichkeit und trägt so zum vermehrten Auftreten von Frostschäden bei (Abb. 101); s. auch Abb. 96.

LIT: 14, 50, 144, 206, 236

Abb. 103: Nadelbräune und Nadelverlust durch verschiedene Pilzinfektionen

EM: – *Jüngste Nadeln* scharfrandig braun gefleckt bis gebändert, mit gelbgrüner bis brauner Spitze (a); meist nadelunterseits schwarze Fruchtkörper (b) von *Kabatina abietis* (0,2–0,3 mm, oval, flach gewölbt, später aufbrechend) oder von *Sclerophoma xenomeria* (0,1–0,2 mm, kugelig; Lupe, Mikro).
– *Ältere Nadeln* fleckig oder ganz graubraun; unterseits Längsreihen schwarzer, kugeliger Fruchtkörper von *Rhizosphaera* spp. (Abb. 16) oder Konidienträger von *Cladosporium* spp., *Thysanophora penicillioides* (Lupe, Mikro).

VM: Abb. 97, 98, 102, 104–106.

B: In dichten, feuchten Jungwüchsen.

LIT: 34, 36, 39, 177

Abb. 104: Nadelschäden durch Tannennadelsäulenrost (*Pucciniastrum epilobii*)

EM: Nadeln ausschließlich des jüngsten Jahrgangs im Sommer unterseits mit weißen, röhrenförmigen Sporenbehältern (Äcidien, a), die orangegelbe Äcidiosporen entlassen. Infizierte Nadeln verfärben sich langsam von gelbgrün nach braun und fallen im Herbst ab (b). Auch an Trieben z.T. kleine, rundliche, von Nadelansatzstellen ausgehende Nekrosen, die zur Krümmung der Triebe führen können.

VM: Bei Beachtung der typischen Äcidien keine.

B: Bevorzugt in Jungbeständen, in Gesellschaft von Weidenröschen (*Epilobium angustifolium*), dem Wechselwirt dieses Rostpilzes.

LIT: 18, 34, 77

Abb. 105: Nadelverlust durch Tannennadelritzenschorf (*Lirula nervisequia*)

EM: 1–3jährige Nadeln gelb; am Mittelnerv lange, schmale, schwarze Pilzfruchtkörper, oberseits mit Konidien, nadelunterseits mit Ascosporen.
VM: Abb. 103, 106.
B: Besonders in älteren Beständen und luftfeuchten Lagen.
LIT: 34, 215

Abb. 106: Nadelverlust durch Tannnennadelbräune (*Herpotrichia parasitica*)

EM: An jungen und älteren Trieben einzelne bis zahlreiche Nadeln gleichmäßig verfärbt, zunächst rötlichbraun, dann hellbraun bis graubraun verblassend; abgestorbene Nadeln noch lange durch Pilzmyzel mit den Zweigen verbunden, von denen sie lose herabhängen (a); nadelunterseits ockerbraunes, filziges Myzel mit einzelnen, schwarzen, kugeligen, lange Borsten tragenden, etwa 0,2 mm großen Fruchtkörpern, meist Pyknidien, des Erregers (b, Lupe, Mikro).
VM: Nadelbräune durch andere Pilze (Abb. 103–105). Außerdem *Rhizoctonia* sp. (nicht abgebildet, Lit. 179): dicht filziger, hell gelbbrauner oder spinnwebartiger, weißlicher Myzelbelag ohne Fruchtkörper, vorwiegend auf vorjährigen und älteren Nadeln bodennaher Zweige, die verbräunen und absterben.
B: In dichten jungen Beständen sowie unter Schirm, in feuchten Lagen, und bei anhaltend niederschlagsreicher Witterung.
LIT: 34, 75, 179

Abb. 107: Nadel- und Zweigschimmel durch den Pilz *Rosellinia mycophila*

EM: Ältere Nadeln und Zweige von dichtem bräunlich weißem Myzelfilz umsponnen; darauf braune bis schwarze, kugelige, 0,6–0,8 mm große Perithecien. Befallene Nadeln gelbbraun, absterbend.
VM: Abb. 21, 72, 73, 106.
B: Bei Dichtstand und feuchter Lage.
LIT: 34, 46, 182

107

Abb. 108: Schäden durch Minierfraß der Tannennadelmotte (*Argyresthia fundella*)

EM: Nadeln mehrerer Jahrgänge im oberen Teil ausgehöhlt, gelbbraun verfärbt (a), mit rundem bis länglichem Ausbohrloch (b), später abfallend. Minierendes Räupchen mattgrün mit schwarzer Kopfkapsel. An grünen Nadeln unterseits spindelförmige, weiße Kokons. Falter mit silbrigweißen Vorder- und lang befransten Hinterflügeln, Spannweite 10–12 mm.
VM: Abb. 102 – 106.
B: Bei starkem Befall Kronenverlichtung, besonders in jungen Weißtannen-Fichten-Mischbeständen; auch an Fichte und anderen Tannenarten, z. B. Nordmannstanne.
LIT: 25, 214 Bd. 3

108a

108b

Abb. 109: Schäden durch Kleinen grünen Fichtenrüssler (*Polydrosus atomarius*)

EM: Junge Nadeln bis auf Stümpfe abgebissen oder durch Fensterfraß braunspitzig; benagte junge Triebe knicken um und sterben ab. Käfer 4–5 mm, kupfriggrün beschuppt.
VM: Hagelschäden (Abb. 45).
B: An junger Tanne, Fichte, Kiefer.
LIT: 5, 214 Bd. 2

109

Abb. 110: Hexenbesen und Stammanschwellung (Tannenkrebs, „Rädertanne“) durch Rostpilz-Infektion (*Melampsorella caryophyllacearum*)

EM: Nach Eindringen des Erregers über junge Triebe entstehen auf verdickten Astabschnitten dichte, aufrechte Triebbüschel (a, „Hexenbesen“) mit nur einem Jahrgang kurzlebiger, kleiner, gelbgrüner Nadeln, auf deren Unterseite im Sommer Sporenlager (Äcidien) des Erregers mit aufgerissenen, weißen Pseudoperidien und gelben Sporen erscheinen. Bei Stamminfektionen entstehen knollige, einseitige oder stammumfassende Wucherungen (b), im Alter mit rissiger Borke, durch die Weißfäuleerreger, z. B. der Tannen-Feuerschwamm (*Phellinus hartigii*), eindringen können.

VM: *Cryphalus piceae* (Abb. 114).

B: Der Rostpilz ist wirtswechselnd zwischen Tannen-Arten, z. B. *Abies alba, A. concolor, A. nobilis, A. nordmanniana, A. veitchii* und einigen Caryophyllaceen, vor allem Mieren-(*Stellaria*) oder Hornkraut-(*Cerastium*) Arten.

LIT: 18, 30, 34, 77, 111

Abb. 111: Saugschäden durch Trieb- und Stammläuse (*Dreyfusia*-Arten)

EM: – *D. nordmannianae*, einbrütige Tannentrieblaus: Nadeln junger Triebe abwärts gekrümmt, gelb, z.T. bräunlich und abfallend (a); an Trieben Läuse in Wachswolle (a), Häutungsreste; Triebe verkrümmt, absterbend.
– *D. piceae*, Europäische Tannenstammlaus: am Stammfuß Läuse in Wachswolle (b), Rindennekrosen durch sekundären Nectria-Befall.

VM: *Dreyfusia merkeri, D. schneideri.*

B: Im Freistand, an Bestandesrändern und in Reinbeständen, besonders in warmen, trockenen Lagen.

LIT: 5, 174, 214 Bd. 2, FAG

Abb. 112: Besiedlung durch Tannenmistel (*Viscum album* ssp. *abietis*)

EM: An besonnten Teilen von Stamm und Ästen rundliche, gelblichgrüne, bis 1 m große, dicht verzweigte Büsche (a) mit kurzen, gegabelten Trieben, gegenständigen, ledrig dicken, schmal zungenförmigen Blättern (b); an älteren Büschen weiße, kugelige, etwa erbsengroße Beeren. Tragäste an der Mistel-Befallsstelle verdickt und bisweilen oberhalb der Befallsstelle absterbend.

VM: Hexenbesen durch *Melampsorella caryophyllacearum* (Abb. 110).

B: In sommerwarmen Gebieten, besonders an schwächeren Tannen, die durch Wasser- und Nährstoffentzug der Misteln weiter geschwächt werden und vereinzelt absterben können. Bei Stammbefall Holzentwertung.

LIT: 34, 117

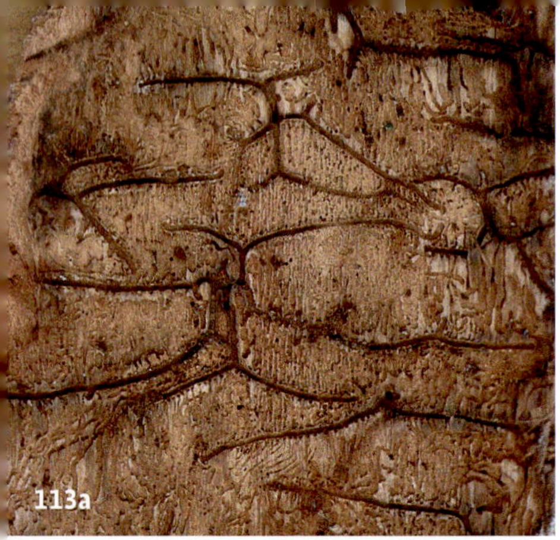

Abb. 113: Schäden durch Krummzähnigen Tannenborkenkäfer (*Pityokteines curvidens*)

EM: In dünnborkiger Rinde des Wipfels und Stammes lange, doppelarmige Quergänge („Klammern"), oft als H-förmige „Doppelklammern" (a), mit längs gerichteten Larvengängen und bis 10 mm tief im Splint liegenden Puppenwiegen. Käfer 2,5–3 mm, dunkelbraun mit gelbbraunen Fühlern. Männchen mit längeren, aufwärts gekrümmten ersten (obersten) Absturzzähnen, hakenförmig abwärts gekrümmten zweiten, waagerechten untersten (b) und dazwischen zwei kurzen Zähnen. Weibchen mit kurzen Absturzzähnen und lang behaarter Stirn.

VM: Tannenborkenkäfer (*Pityokteines spinidens*), Brutbild sternförmig.

B: An älteren Tannen, besonders nach Trockenheit und *Cryphalus*-Befall (Abb. 114). Bei Massenvermehrung auch an gesunden Tannen, die dadurch absterben.

LIT: 83, 170, 174, 214 Bd. 2, 215

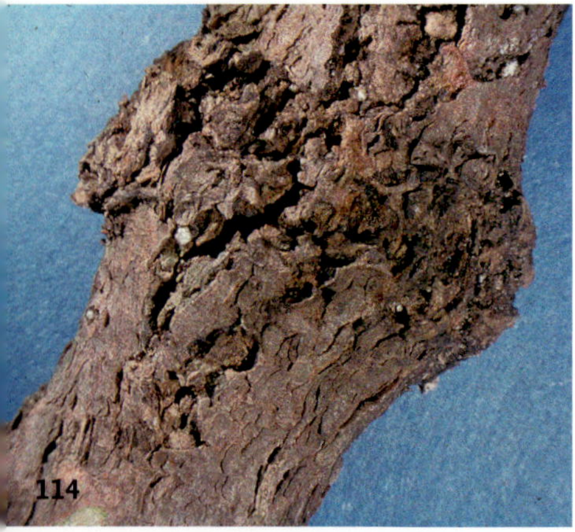

Abb. 114: Schäden durch Kleinen Tannenborkenkäfer (*Cryphalus piceae*)

EM: In dünnborkiger Rinde der Krone und des Stammes platzartige Muttergänge mit zentrifugalen Larvengängen (kein Bild); an Ästen krebsähnliche Auftreibungen durch Überwinterungsfraß (abgebildet).

VM: *Cryphalus abietis*, Einbohrlöcher meist in Ast- und Zweigachseln.

B: Brutfraß besonders in Stangenhölzern nach Vorschädigung durch den eigenen Überwinterungsfraß.

LIT: 83, 174, 214 Bd. 2, 215

Lärche (*Larix*)

Verkahlen von Kronenteilen älterer Lärchen durch
- Zusammenwirken mehrerer biotischer und abiotischer Ursachen: Abb. 115

Nadelverfärbungen durch
- Kalkchlorose: Abb. 116
- Kalium-Mangel: Abb. 117
- Schwefeldioxid-Immission: Abb. 118
- Lärchenminiermotte (*Coleophora laricella*): Abb. 119
- Spätfrost: Abb. 120
- Lärchenschütte (*Meria laricis*): Abb. 121

Triebsterben oder vollständiges Absterben junger Bäume durch
- Grauschimmel, an jungen Langtrieben (*Botrytis cinerea*): Abb. 122
- Fraß der Lärchentriebmotte (*Blastotere laevigatella*): Abb. 123
- Winterfrost und sekundäre Pilzinfektion (*Cytospora, Phomopsis, Cryptosporiopsis*) an Triebspitzen: Abb. 124
- Rindennekrosen an Zweigen, Ästen, oder Stamm (*Gremmeniella laricina*): Abb. 125
- „Phomopsis-Krankheit" (*Phacidium coniferarum*), s. Douglasie: Abb. 140

Verbuschung und Deformationen in der Krone durch
- Lärchenblasenfuß (*Taeniothrips laricivorus*), an jungen Bäumen: Abb. 126
- Rickettsienähnliche Bakterien, Hexenbesen an älteren Bäumen: Abb. 127

Krebsartige Wucherungen am Stamm
- Lärchenkrebs (*Lachnellula willkommii*): Abb. 128

Rindenschäden an Einzelstämmen oder flächenhaftes Absterben durch
- Blitzschlag: Abb. 129

Borkenkäfer-Schäden durch
- Großen Lärchenborkenkäfer (*Ips cembrae*) in Stammrinde und Krone: Abb. 130

  Arten vorwiegend an anderen Koniferen, die auch an Lärche vorkommen:
- rindenbrütende Arten: Abb. 33, 34, 84–87,
- holzbrütende Arten: Abb. 37, 89

Wurzelfäule und Absterben durch
- Wurzelschwamm (*Heterobasidion annosum*), s. Kiefer, Douglasie: Abb. 91, 145
- Hallimasch (*Armillaria* spp.), s. Fichte, Kiefer: Abb. 38, 91

Holzfäule im Stamm durch
- Kiefernbraunporling (*Phaeolus spadiceus*), Braunfäule, s. Kiefer, Douglasie: Abb. 94, 144

Radialrisse im Stammholz durch
- Trockenheit, s. Fichte: Abb. 39

Abb. 115: Absterben von Langtrieben und Verkahlen von Kronenteilen durch verschiedene Ursachen

EM: – Verbräunung oder Fehlen der Nadeln und gehäuftes Absterben ganzer Langtriebe oder deren Spitzen (a) in Verbindung mit sekundärer Infektion durch verschiedene schwach parasitische Pilze (*Cytospora* sp., *Phomopsis* sp., *Cryptosporiopsis* sp.). Auf der Rinde der abgestorbenen Triebteile, nahe der Grenze toter, innen brauner, zu noch lebender, innen grüner Rinde (anschneiden) oft Pilzfruchtkörper in Form sehr kleiner, dunkler, kegelförmiger Erhebungen, die aus der Rinde hervorbrechen (Abb. 124, Lupe).
– Zusätzlich z.T. Benadelungslücken an Langtrieben, die mit abgefallenen Blüten statt mit benadelten Kurztrieben besetzt waren (b).

VM: Lärchentriebmotte (Abb. 123); SO_2-Immission (Abb. 118).

B: Triebsterben in kühlfeuchten Lagen, nach Vorschädigung durch-Frost; s. auch Abb. 124.

Abb. 116: Nadelvergilbung durch Mangan/Eisen-Mangel, „Kalkchlorose“

EM: Weißliche Chlorose der Nadeln an den Langtriebspitzen. Chemische Analyse: Symptome hier bei 20 mg/kg Mn und 79 mg/kg Fe in der Trockenmasse (Normalgehalte: über 500 bzw. 100 mg/kg), bei Normalgehalten anderer Hauptnährstoffe (N: 2,16; P: 0,37; K: 1,85; Ca: 0,30; Mg: 0,16 in % TM)

B: Auf warmen Kalkstandorten.

LIT: 14, 119, 131, 235

Abb. 117: Nadelverfärbung an den Kurztrieben durch Kalium-Mangel

EM: Von den Spitzen der Kurztriebnadeln ausgehende, zunächst gelbe, später rotbraune Nadelverfärbung; Nachweis durch chemische Analyse: Symptome bei Kalium-Gehalten unter etwa 0,3 % der Trockenmasse, hier bei 0,25 % Kalium und normalen Gehalten anderer Hauptnährstoffe (P: 0,27; Ca: 0,35; Mg: 0,15 % der TM).

VM: Immission (Abb. 118); Spätfrost (Abb. 120).

B: Auf armen Sandstandorten.

LIT: 14, 119, 235

Abb. 118: Nadelverfärbung durch Schwefeldioxid-Immission

EM: Von den Spitzen aus weißgelbe (a) oder rotbraune, nach unten scharf begrenzte Verfärbung und Nekrose der Nadeln (b). Chemische Analyse: Symptome chronischer Belastung (a) bei Schwefelgehalten ab 0,2 % der TM; akute Schäden (b) bei deutlich höheren Gehalten.

VM: (Abb. 117); (Abb. 119); (Abb. 120).

B: Im Lee von Nahemittenten.

LIT: 14, 50, 236

Abb. 119: Nadelbräune durch Befall der Lärchenminiermotte (*Coleophora laricella*)

EM: Kurztriebnadeln äußerer Triebe an den Spitzen von Räupchen ausgehöhlt, verkrümmt, beige bis braun, mit Ausschlupfloch (a, b), z.T. vorzeitig abfallend; ältere Raupen von Herbst bis Frühjahr in 4–5 mm langen ausgehöhlten Nadelstücken („Säckchen") an Kurztriebknospen bzw. im Frühjahr an jungen Nadeln sitzend (c).

VM: Spätfrostschaden (Abb. 120).

B: Bevorzugt in 10–60jährigen Reinbeständen, besonders an Randbäumen und in windgeschützen, warmen Südhanglagen.

LIT: 5, 194, 214 Bd. 3

Abb. 120: Nadelschaden durch Spätfrost

EM: Nadeln nur in den unteren und mittleren Bereichen der Krone braun verfärbt, verkrümmt und abgestorben, oft bei ungeschädigtem Wipfel.

VM: Nadelschaden durch Lärchenminiermotte (Abb. 119).

B: Auf vergrasten Freiflächen und in Muldenlagen, wo sich im Frühjahr bei Strahlungsfrost bodennahe Kaltluft bildet bzw. sammelt.

LIT: 145, 151

Abb. 121: Nadelschäden durch Pilzinfektion (*Meria laricis*), „Lärchenschütte"

EM: Ab Frühsommer Nadeln an jungen Langtrieben von unten nach oben fortschreitend gelb bis braun verfärbt, welkend und z.T. vorzeitig abfallend. Nadelunterseits wenig auffällige, weißliche Sporenlager des Erregers, die aus Spaltöffnungen hervortreten (Lupe, Mikro).
VM: Abb. 120; „Braunfleckigkeit" durch *Mycosphaerella laricina*.
B: An Keimlingen und Jungpflanzen bei anhaltend feuchter Frühjahrswitterung oder nach sehr milden Wintern. An Europäischer Lärche, kaum an Japan- und Hybridlärchen.
LIT: 34, 183

Abb. 122: Triebsterben durch Pilzinfektion (*Botrytis cinerea*), Grauschimmel

EM: Langtriebspitzen braun, gekrümmt und abgestorben; darauf graue Sporen an glänzend dunkelbraunen Sporenträgern (Abb. 25 b, Lupe).
VM: Spätfrost (Abb. 120); Schütte (Abb. 121); Triebmotte (Abb. 123).
B: An jungen Langtrieben bei kühlfeuchter Frühjahrswitterung.
LIT: 34, 246

Abb. 123: Triebsterben durch Lärchentriebmotte (*Blastotere laevigatella*, Syn. *Argyresthia laevigatella*)

EM: Absterben von Langtrieben durch Raupenfraß, der zunächst unter der Rinde, dann im Holz stattfindet; Ausbohrloch am befallenen Trieb.
VM: Winterfrost (Abb. 124); Triebsterben durch Pilze (Abb. 122, 125).
B: Vorwiegend an jungen Lärchen.
LIT: 25, 194, 214 Bd. 3

Abb. 124: Triebsterben durch Frost

EM: Kahle Triebspitzen mit toter, eingesunkener Rinde (a, b); am basalen Ende oft Fruchtkörper sekundärer Pilze (b Pfeil: hier *Cytospora* sp.).
VM: Abb. 122, 123, 125.
B: Durch Winterfrost auf Freiflächen, in Senken. Trägt zur Verkahlung älterer Lärchen bei (Abb. 115).
LIT: 145, 151, 239

Abb. 125: Triebsterben im Hochgebirge durch Pilzinfektion (*Gremmeniella laricina*, Syn.: *Ascocalyx laricina*, *Scleroderris laricina*)

EM: An vorjährigen Langtrieben Welken, Bräunung, Abfallen der Nadeln und Absterben der Triebe (a). Auf der toten Rinde schwarzbraune, rundliche, 0,5 mm große Pyknidien (Abb. 26 c, Lupe) und später bis 1,5 mm große, bei Nässe becherförmig geöffnete Apothecien des Erregers. Bei starkem Befall an jungen Lärchen Absterben von Langtrieben bis zum vollständigen Absterben ganzer Pflanzen (b).
VM: Winterfrostschäden (Abb. 124).
B: In Hochlagenaufforstungen der Alpen, wo Witterungsextreme am Hochgebirgsstandort zum Absterben beitragen. Japanische Lärche ist weniger anfällig für die Pilzinfektion als Europäische.
LIT: 34, 59, 171

Abb. 126: Triebschäden und Verbuschung durch Befall von Lärchenblasenfuß (*Taeniothrips laricivorus*)

EM: Zunächst im Wipfel, später in der ganzen Kronenperipherie, Nadeln junger Langtriebe durch Besaugen abgespreizt, gekrümmt („Nadelsträube") und vorzeitig abfallend (a). Rinde besaugter Langtriebe graubraun und schorfig durch zahlreiche, feine Querrisse (b, Lupe) und Austritt kleiner Harztröpfchen. Verbuschung des Wipfels durch Absterben der Spitzen stark besaugter Leittriebe und Bildung von Ersatztrieben (a, b).

VM: Befall durch Lärchenminiermotte (Abb. 119).

B: Befall besonders in wüchsigen Beständen der Europäischen Lärche mit benachbarter Fichte; gefördert durch trockene, warme Witterung. Japanische Lärche gilt als weitgehend resistent.

LIT: 5, 214 Bd. 1, 215

Abb. 127: Lärchendegeneration durch Rickettsien-ähnliche Bakterien (RLB)

EM: Ganze Krone hexenbesenartig degeneriert, mit herabhängenden, gestauchten Ästen und vermehrtem Knospenaustrieb; RLB-Nachweis.

VM: Standortbedingte Wuchsanomalie.

B: Die Krankheit kann zu vorzeitigem Absterben führen, evtl. in Verbindung mit Witterungsextremen; bisher nur im Flachland und niedrigen Bergland bekannt.

LIT: 163

Abb. 128: Lärchenkrebs durch Pilzinfektion (*Lachnellula willkommii*)

EM: Anschwellungen an Stamm und Ästen mit einseitigen, kraterartig offenen, jährlich weiter wachsenden Wunden (a). Darin, oft durch lose Borke verdeckt, ringförmige Überwallungswülste um die ursprüngliche Infektionsstelle. An Krebswunden, Zweigen, Ästen bis 4 mm große, bei Nässe becherförmig geöffnete, außen weiße, innen orangefarbene Apothecien (b).

B: Infektion über frostgeschädigte Kurztriebe in dichten jungen Beständen feuchter Spätfrostlagen. Besonders an Lärchen aus den West- und Südalpen, weniger an Ostalpen- und Karpatenherkünften, nicht an Japanischer Lärche.

LIT: 34, 199, 238, 239, 245

Abb. 129: Schäden durch Blitzschlag

EM: – An Einzelbäumen Ablösen von Rinde und Holzsplittern in schmaler, oft spiraliger „Blitzrinne" mit „Entladungsspur" (a, Pfeil).
– An Gruppen flächiges Absterben, „Blitzlöcher" (b) durch Wurzelschäden. Tote Stämme oben trocken, unten nass, mit wässrigem Ausfluss aus Wunden (anschneiden).

B: An hohen, rauhborkigen Koniferen.

LIT: 22, 90, 215

Abb. 130: Schäden durch Großen Lärchenborkenkäfer (*Ips cembrae*)

EM: In dickborkiger Rinde am Stamm vorwiegend längs gerichtete Brutsysteme aus meist 2–4 sternförmigen, bis 18 cm langen Muttergängen (a), später mit unregelmäßigen Erweiterungen durch Regenerationsfraß der Altkäfer. Reifungsfraß der Jungkäfer von Puppenwiegen ausgehend oder an vitalen Lärchen in Form 3–6 cm langer, fingerartiger Gänge in der Rinde dünner Äste und Zweige, die bei Sturm als Abbrüche zu Boden fallen (ähnlich Abb. 49 b). Käfer 5–6 mm lang, braun, gelb behaart; am steilen Absturz beiderseits der Flügeldeckennaht je eine Haarreihe (b, Pfeil).

VM: Buchdrucker (Abb. 33 d), dieser jedoch ohne Haarreihen an der Flügeldeckennaht.

B: Massenvermehrung in warmen, trockenen Sommern, besonders außerhalb des natürlichen Lärchenvorkommens. Prädisponierende Schwächung der Lärchen nicht nur durch Trockenheit, sondern auch durch den primären Reifungsfraß des Lärchenborkenkäfers selbst, der dabei vitale Bäume befällt.

LIT: 10, 83, 214 Bd. 2, 215

Douglasie (*Pseudotsuga menziesii*)

Nadelverfärbung, Verlichtung und Harzfluss in der Krone durch
- Mangan-Toxizität aufgrund von Bodenversauerung: Abb. 131

Vergilbung der Nadeln durch
- Eisen-/Mangan-Mangel, am jüngsten Nadeljahrgang: Abb. 4, 50, 131 b
- Stickstoffmangel, an allen Nadeljahrgängen: Abb. 132
- Kalium-Mangel, vorjährige und ältere Nadeln gelb- bis braunspitzig: Abb. 7
- Douglasienwolllaus (*Gilletteella cooleyi*), gelb- bis braunfleckig, oft gekrümmt: Abb. 133

Verbräunung und Abfallen der Nadeln durch
- Winterfrost, Frosttrocknis: Abb. 134
- Spätfrost: Abb. 135
- Rostige Douglasienschütte (*Rhabdocline pseudotsugae*): Abb. 136
- Rußige Douglasienschütte (*Phaeocryptopus gaeumannii*): Abb. 137

Triebkrümmung durch
- Kupfer-Mangel, bogige Krümmung der Leittriebe: Abb. 138

Trieb- und Wipfelsterben durch
- Grauschimmel (*Botrytis cinerea*) an jungen Maitrieben: Abb. 139
- „Phomopsis-Krankheit" (*Phacidium coniferarum*): Abb. 140
- Großen Braunen Rüsselkäfer (*Hylobius abietis*): Abb. 141

Rindenbrütende Borkenkäfer
- Kupferstecher (*Pityogenes chalcographus*): Abb. 33 e–g
- Gekörnter Fichtenborkenkäfer (*Cryphalus abietis*): Abb. 134, 142 (ohne Bilder)
- Furchenflügliger Fichtenborkenkäfer (*Pithyophthorus pithyographus*): Abb. 142

Holzbrütende Borkenkäfer
- Gestreifter Nutzholzborkenkäfer (*Trypodendron lineatum*): Abb. 37
- Amerikanischer Nutzholzborkenkäfer (*Gnathotrichus materiarius*): Abb. 89
- Schwarzer Nutzholzborkenkäfer (*Xylosandrus germanus*): Abb. 142

Ringschäle des Stammholzes durch
- Trockenheit: Abb. 143

Holzfäule (Braunfäule) im Stamm durch
- Kiefernbraunporling (*Phaeolus spadiceus*): Abb. 144
- Klebrigen Hörnling (*Calocera viscosa*): Abb. 144
- Krause Glucke (*Sparassis crispa*): Abb. 144

Wurzelfäule und Absterben ganzer Bäume durch
- Wurzelschwamm (*Heterobasidion annosum*): Abb. 145
- Dunklen Hallimasch (*Armillaria ostoyae*): Abb. 38, 91, 145

Abb. 131: Nadelverfärbung, Verlichtung und Harzfluss in der Krone durch Mangan-Toxizität

EM: Kronenverlichtung (a) durch vorzeitiges Abfallen der älteren, gelb- bis rotspitzigen Nadeln (b). Jüngste Nadeln weißlich gelb (b, c), mit typischem Eisenmangel-Symptom, (s. Abb. 4), hier induziert durch Mangan-Überschuss. Im oberen Stammbereich stark harzende, im Inneren der Rinde physiologisch bedingte Nekrosen (c). Chemische Nadelanalyse: sehr hohe Mangan- Gehalte, hier 3600–14800 mg/kg Trockenmasse; Normalgehalte sehr variabel, meist jedoch unter 1000 mg/kg TM. Derart vorgeschädigte Bäume können durch sekundäre Hallimasch-Infektion absterben (s. Fichte, Abb. 38).

VM: Frostschäden (Abb. 134); Douglasienschütten (Abb. 136, 137).

B: Auf versauerten, zur Verdichtung neigenden Böden; ausgelöst oder örtlich verstärkt durch (immissionsbedingte) Versauerung von Böden mittlerer Pufferkapazität (Austauscher-Pufferbereich).

LIT: 14, 109, 151, 200, 234, 235.

131a

131b

131c

132

Abb. 132: Vergilbung und Wachstumshemmung durch Stickstoff-Mangel

EM: Gleichmäßige Nadelvergilbung am gesamten Baum; Verkürzung von Nadeln und Trieben, breite, niedrige Wuchsform. Chemische Nadelanalyse: Symptome bei Stickstoff-Gehalten unter etwa 1 % der TM.

VM: Mangan-Toxizität (Abb. 131); Hallimasch-Infektion (Abb. 38 a).

B: Besonders auf armen Heide- und Moorböden, oft zusammen mit Besenheide (*Calluna vulgaris*), die allgemeine Nährstoffarmut und besonders Stickstoffmangel anzeigt.

LIT: 14, 85, 119, 235

133a

133b

Abb. 133: Gelbfleckung und Krümmung der Nadeln durch Douglasienwolllaus, Sitkafichtengallenlaus (*Gilletteella cooleyi*, Syn.: *Adelges cooleyi*)

EM: An jungen Nadeln kleine, blassgelbe Flecke; an älteren Nadeln intensiver gelbe, teils fleckige, teils vollständige Gelb- bis Braunfärbung (a). Nadeln an den Saugstellen oft gekrümmt (a, b), daher erscheinen stark befallene Bäume struppig benadelt. Im Frühjahr und Frühsommer auf der Unterseite junger Nadeln von weißer Wachswolle umgebene Läuse (b) und später dunkle Häutungsreste. Gelb gefleckte Nadeln später durch Frost intesiver gelb bis braun verfärbt (a) und vorzeitig abfallend; besaugte Triebe oft verkürzt.

VM: Frostschäden (Abb. 134); Douglasienschütten (Abb. 136 c, 137).

B: Läuse wechseln zwischen den Primärwirten Sitka- oder Blaufichte und dem Sekundärwirt Douglasie.

LIT: 4, 92, 141, 194, 214 Bd. 1

Abb. 134: Schäden durch Winterfrost und Frosttrocknis

EM: – *Winterfrost*: im Frühjahr ältere, in geringerem Umfang auch jüngste Nadeln von den Spitzen aus abwärts gelb bis rotbraun verfärbt (a); ältere Nadeln vorzeitig abfallend (b); Schäden meist auf die unteren Kronenteile beschränkt.
– *Frosttrocknis*: vorwiegend jüngste Nadeln rotbraun, meist nur in den oberen, wind- und sonnenexponierten Kronenteilen, während die bodennahen Teile ohne Symptome bleiben (c). Der Wipfel stirbt oft ab durch sekundären Befall des Gekörnten Fichtenborkenkäfers (*Cryphalus abietis*). Dessen kleine Einbohrlöcher liegen versteckt in der wulstartig verdickten Rinde der Zweigachseln, fallen aber durch feines, helles bis braunes Bohrmehl auf.

VM: Kalium-Mangel (Nachweis durch Nadelanalyse); Rostige Douglasienschütte (Abb. 136); Phomopsis-Krankheit (Abb. 140); Wurzelfäulen durch Wurzelschwamm oder Hallimasch (Abb. 145).

B: Auf Freiflächen, vorwiegend an grünen Küstenherkünften (viridis-Formen).

LIT: 141, 145, 146, 150

Abb. 135: Welken und Absterben junger Maitriebe durch Spätfrost

EM: Umbiegen, schlaffes Herabhängen und zunächst gelbliche, dann braune Verfärbung der geschädigten Maitriebe an ihrer Basis, so dass die Triebe auf ganzer Länge betroffen sind. Schäden am stärksten in Bodennähe, nach oben abnehmend (a); an frisch geschädigten Trieben keine Spuren von Pilz- oder Insektenbefall. Spätfolge wiederholter Schädigung sind Verzweigungsanomalien in Form von Zickzack-Wuchs (b).

VM: Grauschimmel-Infektion (Abb. 25, 122, 139), dabei jedoch meist nur der obere Teil der Triebe geschädigt und umgebogen.

B: An jungen Bäumen im Frühjahr, besonders in Mulden, in denen sich Kaltluft sammelt oder auf ebenen Freiflächen mit Erhebungen, Bestandesrändern oder Knicks, die den Kaltluftabfluss verzögern.

LIT: 145, 150, 151, 186

Abb. 136: Nadelverfärbung und -verlust durch Rostige Douglasienschütte (*Rhabdocline pseudotsugae*)

EM: Während des Neuaustriebs, Mitte April bis Mitte Juni, vorjährige Nadeln rotbraun gefleckt bis marmoriert, nadelunterseits mit orange- bis rostroten Apothecien, die bei Feuchtigkeit wulstartig hervorbrechen (b) und die neuen Mainadeln infizieren. Bei Trockenheit schließen sich die Apothecien zu schmalen, von der häutigen Nadelepidermis klappenartig verdeckten Spalten. Im Sommer Schütten der infizierten, vorjährigen Nadeln, Kronenverlichtung und Zuwachsminderung. Auf den neu infizierten jüngsten Nadeln ab Herbst blassgelbe Flecke, die über Winter braun werden.

VM: Wolllaus-Befall (c: rechts; links Rostige Schütte); Frost (Abb. 134).

B: Höchste Anfälligkeit bei „blauen" (*glauca*) Douglasien-Herkünften, geringere bei „grauen" (*caesia*), geringste bei „grünen" (*viridis*).

LIT: 34, 92, 150, 220, 224

136a

136b

136c

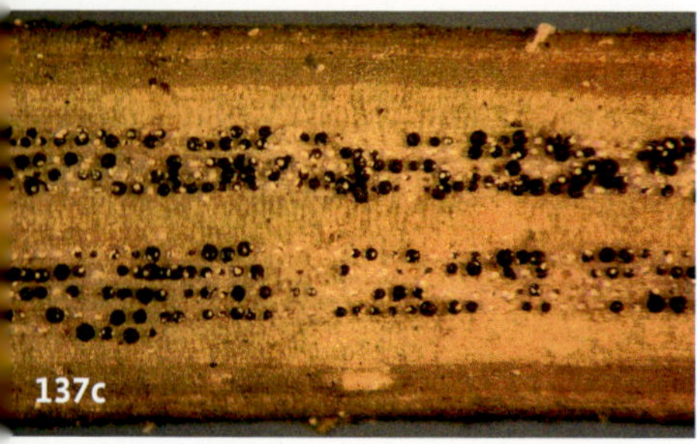

Abb. 137: Nadelverfärbung und -verlust durch Rußige Douglasienschütte (*Phaeocryptopus gaeumannii*)

EM: Auf der Unterseite der noch grünen Nadeln schwarze kugelförmige, etwa 0,1 mm große Fruchtkörper des Erregerpilzes, die zunächst einzeln, im Lauf von 1–2 Jahren in zunehmender Zahl aus den Spaltöffnungen hervorbrechen (b, c), sodass die Nadelunterseite rußig erscheint (b). Nadeln nur langsam, ab dem zweiten Jahr nach Beginn der Infektion, zunächst graugrün, dann blass graugelb bis bräunlich verfärbend (a) und erst nach einem weiteren Jahr abfallend.

VM: Wolllaus (Abb. 133); Frost (Abb. 134); Rostige Schütte (Abb. 136); *Rhizosphaera douglasii* (Lit.: 36).

B: In dichten jungen Beständen, feuchten Lagen und bei anhaltend feuchter Witterung. Die meisten Douglasien-Herkünfte sind etwa gleich anfällig. Befall wirkt prädisponierend für weitere Schäden, z. B. durch Frost oder Hallimasch.

LIT: 34, 36, 92, 150, 220, 224, 226

Abb. 138: Wuchsanomalien an jungen Bäumen durch Kupfer-Mangel

EM: Voll entwickelte jüngste Triebe bei normalem Längenwachstum nicht ausreichend verholzt, daher weich und abwärts gebogen (Nadelbräune hier durch Frost). Beim Austreiben können sich die neuen Triebe z.T. wieder aufrichten, dadurch Schlängelwuchs. Chemische Analyse: Symptome bei Kupfer-Gehalten unter 4 mg/kg TM.

VM: Grauschimmelbefall, dieser aber an jungen, noch nicht gestreckten Maitrieben (Abb. 25, 122, 139).

B: Auf diluvialen, Anmoor- und Moorböden, besonders bei Trockenheit. Auch an andern Koniferen, z. B. Nordmannstanne bei 0,6 mg/kg TM Kupfer.

LIT: 14, 235

Abb. 139: Triebsterben durch Pilzinfektion (*Botrytis cinerea*), Grauschimmel

EM: Welken, Abwärtskrümmen und Verbräunen junger Maitriebe; Infektion etwa in Triebmitte, von einzelnen Nadeln aus auf die Triebachse übergreifend; an der Infektionsstelle Umbiegen des Triebes und Nadelfall, später Trieb vollständig braun, mit totem Nadelbüschel an der Spitze; tote Triebe vertrocknen und brechen ab (oben). Auf abgestorbenen Trieben bei Feuchtigkeit graue Pilzsporen an glänzend dunkelbraunen Sporenträgern (Abb. 25 b).

VM: Spätfrost (Abb. 135), dann jedoch Umbiegen an der Triebbasis.

B: In dichten, jungen Beständen bei kühlfeuchter Frühjahrswitterung.

LIT: 34, 150, 246

Abb. 140: Trieb- und Wipfelsterben durch Pilzinfektion (*Phacidium coniferarum*), „Phomopsis-Krankheit“

EM: Triebspitzen kahl, mit eingesunkener, brauner Rinde, aus der die Fruchtkörper des Erregers hervorbrechen (a, Lupe). An Stämmen geschwächter, junger Bäume Kronenteile oberhalb der Infektionsstelle tot (b) durch große, stammumfassende, von Wülsten begrenzte, nekrotische „Einschnürungen“ der Rinde (c). An vitaleren Stämmen kleinere, ovale Nekrosen („Rindenschilde“), die später vom Baum abgestoßen und überwallt werden. In der Mitte der Nekrosen meist ein Aststumpf, der als Eintrittspforte gedient hat (c). Auf allen Nekrosen kleine schwarze Fruchtkörper (Pyknidien) des Erregers (a).

VM: Frosttrocknis (Abb. 134 c).

B: In Jungwüchsen auf Freiflächen ohne Schirm oder Seitenschutz durch ältere Bestände, besonders nach Trockenheit oder Grünästung im Herbst; seltener auch an Lärche.

LIT: 34, 91, 150

Abb. 141: Schäden durch Großen Braunen Rüsselkäfer (*Hylobius abietis*)

EM: Rundliche, trichterförmige, harzende Fraßstellen durch Käfer (a, b), meist an älteren Trieben junger Pflanzen, bevorzugt am Stammfuß und Wurzelhals, ober- und unterirdisch (b). Befressene Triebe rauh und grindig; darüber liegende Teile sterben oft ab (a), bei tief sitzendem, starkem Fraß auch die ganze Pflanze. Käfer 6–14 mm lang (c), Weibchen größer als Männchen.

VM: Phomopsis-Krankheit (Abb. 140); *Cryphalus abietis* (Abb. 134).

B: Meist in Pflanzungen auf frischen Kahlschlägen, auch an Kiefer (Abb.82) und Fichte, weniger an Laubbaumarten.

LIT: 5, 214 Bd. 2, 215

Abb. 142: Rinden- und holzbrütende Borkenkäfer an Douglasie

EM: – a: Furchenflügliger Fichtenborkenkäfer (*Pityophthorus pityographus*): in dünner Rinde junger Bäume kleine Einbohrlöcher mit vorwiegend hellem Bohrmehl; darunter tief in den Splint eingesenkte, sternförmige, 4–7-armige Brutsysteme mit weitständigen Einischen und später kurzen Larvengängen. Käfer (ohne Bild) bis 1,5 mm, am Absturz mit breiten Längsfurchen neben der Flügeldeckennaht; Weibchen mit gelber Haarbürste an der Stirn.
– b, c: Schwarzer Nutzholzborkenkäfer (*Xylosandrus germanus*): an liegendem Stammholz weißes Bohrmehl, das in Form dünner Stifte aus den Bohrlöchern tritt und sich an geschützten Stellen anhäuft (b). Im Splintholz kurze, radiale Eingangsröhre mit nur 1–2 cm tiefem, taschenförmigem Platzgang. Weiblicher Käfer 2,0–2,5 mm, Männchen kleiner.

VM: Zu a: Kupferstecher (Abb. 33 f, g), Ei-Nischen und Larvengänge enger stehend als bei *P. pityographus*; *Cryphalus abietis* (Abb. 134).
Zu b, c: Gestreifter Nutzholzborkenkäfer (Abb. 37) mit „Leitergängen", die tiefer im Splint liegen als die Gänge von *X. germanus*.

B: Zu a: Sekundär an geschwächten Bäumen; von diesen aus können auch anscheinend vitale Bäume befallen werden. Auch an Fichte, Kiefer, Lärche in dünner Rinde.
Zu b, c: An frisch geschlagenen Stämmen und Stubben; polyphag an Laub- und Nadelholz.

LIT: 83, 214 Bd. 2

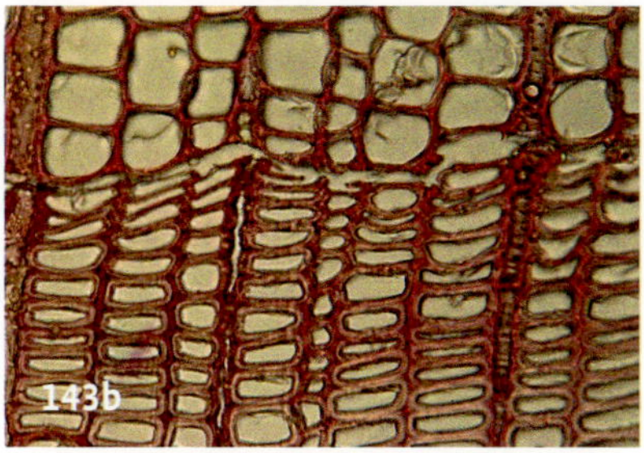

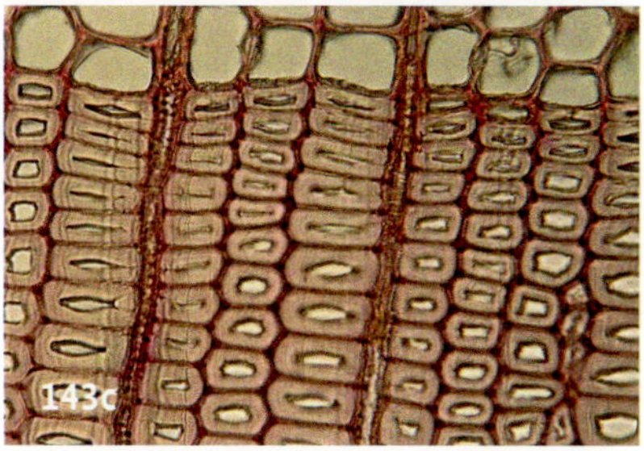

Abb. 143: Ringrisse (Ringschäle) im Stammholz älterer Douglasien durch Trockenheit, „Trockenheitsringe“

EM: Am Abhieb eingeschlagener Stämme innerhalb einzelner Jahrringe abnorme, ringförmige Risse (a), die sich mit fortschreitender Austrocknung des Holzes auf große Teile des Querschnitts und die gesamte Länge des Stammes ausdehnen und zum Zerfall des Stammes entlang der betroffenen Jahrringe führen. Das Reißen des Holzes entlang der Jahrringgrenze erfolgt aufgrund der Bildung von abnorm weiten und dünnwandigen Spätholzzellen (b), die keine feste Verbindung des Spätholzes zum Frühholz des nächsten Jahres bilden. Normales Spätholz ist dagegen durch englumige, dickwandige Spätholzzellen mit dem folgenden Frühholz fester verbunden (c, oben; b, c: mikroskopische Querschnitte, Vergrößerung 80fach).

VM: Ringschäle nach Stammverletzung.

B: In Jahren mit starker Sommertrockenheit, die eine normale Spätholzbildung verhindert.

LIT: 98

Abb. 144: Braunfäule im Stammholz durch Kiefernbraunporling (*Phaeolus spadiceus*, Syn.: *P. schweinitzii*)

EM: Kernholz am Stammfuß zunächst gelblich bis rötlich (a), dann braun, würfelig brechend (b), im Stammquerschnitt oft radialrissig, mit gelblich weißem Myzel in den Schwundrissen (a) und deutlichem Terpentingeruch. An Stammfuß oder Wurzelanläufen im Frühjahr, etwa ab Mai, einjährige, konsolenförmige, am Rand zottig-filzige Fruchtkörper des Kiefernbraunporlings, die zunächst sehr wasserreich und ganz gelb, später innen kastanienbraun und nur am Rand gelb gefärbt sind (Abb. 94), schließlich fast schwarz und durch Austrocknung leicht werden, schrumpfen und im Herbst absterben.

VM: Braunfäule durch Klebrigen Hörnling (*Calocera viscosa*). Zur Unterscheidung möglicher Fäuleerreger kann Feuchtlagerung frischer Stammscheiben dienen: nach etwa 10 Tagen bei Zimmertemperatur erscheint am Rand des dunkelbraunen, faulen Kernholzes entweder ein Saum aus gelbem und braunem Myzel von *Phaeolus spadiceus* (c; im blaugrauen Splintholz hier zusätzlich Bläue, vgl. Abb. 93) oder gelbe, korallenförmige Fruchtkörper von *Calocera viscosa* (d) oder (nicht abgebildet) rein weißes Myzel, das die Krause Glucke (*Sparassis crispa*) als wahrscheinlichen Erreger anzeigt.

B: Infektion über Wurzelwunden und Hallimasch-Infektionsstellen. Auf nassen Sandstandorten. An Douglasie, Japanlärche ab Alter 30 und Kiefer ab Alter 100 (Abb. 94).

LIT: 34, 111, 115, 140, 150, 213, 220

Abb. 145: Absterben aufgrund von Wurzelfäule durch Wurzelschwamm (*Heterobasidion annosum*) oder Dunklen Hallimasch (*Armillaria ostoyae*)

EM: – *Wurzelschwamm*: an Douglasien aller Alterstufen Nadeln am ganzen Baum zunächst gelbgrün, später rotbraun (a); am Stammfuß Fruchtkörper des Erregers, oft erst nach Entfernen von Bewuchs und Streu am Wurzelhals sichtbar (a, b), seltener oberirdisch (Abb. 91 c). Fruchtkörper entweder flach konsolenförmig, oberseits braun, am Rand und unterseits weiß mit feinen Poren (a; Abb. 91 c) oder reduziert (resupinat) in Form weißer, krustenförmiger, feinporiger Beläge von sehr variabler Form und Größe (b; 43 d, 91 d).
– *Hallimasch*: Kronenschadbild wie bei Wurzelschwamm-Befall; am Stammfuß unter der Rinde fächerförmiges, weißes Pilzmyzel (Abb. 38 b, anschneiden) und im Herbst an abgetöteten Bäumen Fruchtkörper des Erregers (Abb. 38 d, 91 b); Harzaustritt aus der Rinde, bei jungen Bäumen am Stammfuß, bei älteren am Stamm und in der Krone (wie Abb. 131 c).

VM: Harzen durch Mangan-Toxizität (Abb. 131 c).

B: *Wurzelschwamm*: auf humusarmen Sandböden, besonders nach Ackernutzung („Ackersterbe“, vgl. Abb. 91); Infektion oft durch Wurzelkontakte mit infizierten Kiefern bzw. deren Stubben, z. B. bei Unterpflanzungen infizierter Altkiefern mit Douglasien.
Hallimasch: *viridis*-Herkünfte sind anscheinend weniger anfällig.

LIT: 134, 150, 169, 220, 227, 243

Rotbuche (*Fagus sylvatica*)

Kronendegeneration (Wachstumshemmung, Triebdeformation) durch
- chronische Belastungen (Standort, Immissionen, Alter): Abb. 146

Vergilbung der Blätter durch
- Magnesium-Mangel: Abb. 147
- Kalium-Mangel: Abb. 148
- Frühstadium von Zweig- und Astkrebs (*Neonectria ditissima*): Abb. 161 a
- Virus-Infektionen: Abb. 149

Feine Sprenkelung der Blätter,
- gelblichweiß durch Buchenzirpe (*Fagocyba cruenta*): Abb. 150
- bräunlich durch Ozon oder UV-Strahlung: Abb. 151

Verbräunung, Deformation, Beschädigung der Blätter durch
- Buchenblattbräune (*Apiognomonia errabunda*): Abb. 152
- Buchenspringrüssler (*Rhynchaenus fagi*): Abb. 153
- Buchenzierlaus (*Phyllaphis fagi*): Abb. 154
- Spätfrost: Abb. 155
- Trockenheit: Abb. 156
- Auftau- oder Seesalz in Straßen- bzw. Küstennähe: Abb.157
- Schwefeldioxid-Immission: Abb. 158
- Chlorwasserstoff-Immission: Abb.159

Zweig- und Aststerben, z. T. mit Deformationen durch
- Buchenblattbräune (*Apiognomonia errabunda*): Abb. 152
- Buchenkrebslaus (*Schizodryobius pallipes*): Abb. 160
- Zweig- und Astkrebs (*Neonectria ditissima*): Abb. 161

Rindenschäden am Stamm durch
- Krebs (*Neonectria ditissima*): Abb. 161
- Krebs (*Stereum rugosum*): Abb. 172
- Buchenrindennekrose: Abb. 162
- Phytophthora-Rindennekrose (*P. citricola, P. cambivora, P. cactorum, P. gonapodyides*): Abb.163
- Mäusefraß: Abb. 164
- Prachtkäfer (*Agrilus viridis*): Abb. 165
- Buchenborkenkäfer (*Taphrorychus bicolor*): Abb. 166
- Hitze („Sonnenbrand"): Abb. 167
- Winterfrost: Abb. 168

Schäden durch holzbrütende Käfer
- Sägehörniger Werftkäfer (*Hylecoetus dermestoides*): Abb. 169
- Laubnutzholzborkenkäfer (*Trypodendron domesticum*): Abb. 170

Verfärbung im Stammholz durch
- Rotkern, Wolkenkern, Spritzkern: Abb. 171

Holzfäulen in Stamm, Wurzelstock oder Hauptwurzeln durch
- Runzligen Schichtpilz, in Verbindung mit Krebs: Abb. 172
- Echten Zunderschwamm: Abb. 173
- Angebrannten Rauchporling: Abb. 174
- Flachen Lackporling: Abb. 175
- Austernseitling: Abb. 176
- Riesenporling: Abb. 177
- Brandkrustenpilz: Abb. 178

Schleimfluss und Rindennekrose am Stammfuß durch
- Phytophthora-Wurzelhalsfäule (vorwiegend *P. cambivora*): Abb. 179
- Hallimasch-Arten, meist *Armillaria ostoyae, A. gallica*: Abb. 38, 91, 215

146a

146b

146c

146d

Abb. 146: Degeneration durch chronische, standörtliche und immissionsbedingte Belastungen

EM: In der Kronenperipherie erscheinen anstelle *vitaler, fächerförmig verzweigter Äste* mit langen, geraden, voll belaubten Seitenzweigen (Langtriebe: a, b, oben) *schmale, spießartige Äste* (b, unten) mit kurzen, geraden (c) oder gekrümmten (d) Seitenzweigen. Diese bestehen aus Serien stark verkürzter Jahrestriebe, *Kurztriebketten*, in denen die einzelnen Triebe nur wenige Millimeter lang sind (c, d). Ihre Grenzen werden markiert durch schmale Ringwülste an der Basis jedes Jahrestriebes (d: Triebbasisnarben, Lupe). Derart gestauchte Triebe bleiben in der Regel unverzweigt und tragen nur an ihrer Spitze ein einzelnes Blattbüschel aus zwei bis fünf Blättern (c, d). Bei fortschreitender Degeneration krümmen sich die Kurztriebketten krallenartig aufwärts (e, b unten), und sterben oder brechen schließlich ab (e). In fortgeschrittenen Stadien sterben auch stärkere Äste in der Oberkrone durch sekundären Befall schwach parasitischer Pilze ab.

VM: Virosen (Abb. 149); fortgeschrittene Buchenrindennekrose (Abb. 162) oder Phytophthora-Infektion (Abb. 163, 179); Pracht- oder Borkenkäfer-Befall nach Trockenheit (Abb. 165, 166); Sonnenbrand (Abb. 167).

B: Langsamer Vitalitätsverfall auf ungünstigen, immissionsbelasteten Standorten; zeitweise verstärkt durch reversible, trockenheitsbedingte Feinwurzelverluste. Besonders an älteren und alten, über 150jährigen Buchen.

LIT: 188, 212, 234

Abb. 147: Vergilbung der Blätter durch Magnesium-Mangel

EM: An älteren Blättern beginnende Chlorose, später fleckige Nekrose der Interkostalfelder (a); Verfärbung von der Mitte der Blattspreite ausgehend, bei z.T. noch grünen oder wenig vergilbten Blatträndern und -spitzen (a); Blattadern lange grün, oft mit keilförmiger Verbreiterung des grünen Bereichs am Blattgrund (a, b). Chemische Analyse: Symptome bei Magnesium-Gehalten von 0,03–0,06 %, hier (b, aus der Oberkrone einer Altbuche) bei 0,03 % der Trockenmasse und gleichzeitig mangelhafter Phosphor- (0,06 %) und schwacher Kalium- (0,61 %) Versorgung.

VM: Kalium-Mangel (Abb. 148), Blattschäden durch Schwefeldioxid-Immission (Abb. 158), Virus-Infektion (Abb. 149) oder Wurzelschäden durch *Phytophthora*-Infektion (Abb. 179).

B: Auf basenarmen Silikatstandorten, ausgelöst durch langfristige, immissionsbedingte Bodenversauerung; verstärkt durch Trockenheit und starke Strahlung.

LIT: 14, 43, 69, 109, 235

Abb. 148: Verfärbung der Blätter durch Kalium-Mangel

EM: Von Blattspitzen und -rändern nach innen fortschreitende Vergilbung, mit unscharfem Übergang zur weniger vergilbten Blattmitte (a) oder, ohne vorherige Vergilbung, Braunfärbung der Blattränder, in den Interkostalfeldern zungenförmig oder fleckig nach innen fortschreitend (b); Einrollen der Blattränder. Chemische Analyse: Symptome bei Kalium-Gehalten unter 0,5 %, hier (b, Jungwuchs) bei 0,30 % der TM; auf gleichzeitig schwache Phosphor-Gehalte (0,11 %) verweist die Rötung der Blattspitzen (a, links).

VM: Magnesium-Mangel (Abb. 147), Schädigungen durch Trockenheit (Abb. 156), Chloridhaltige Salze (Abb. 157), Immissionen (Abb. 158, 159).

B: besonders nach langer Trockenheit; Symptom b experimentell erzeugt.

LIT: 14, 109, 119, 235

Abb. 149: Vergilbung und Degeneration durch Virus-Infektion

EM: Degenerationserscheinungen in der Krone (a; Abb. 146); chlorotische, mosaikartige Fleckung, Ringfleckung und Scheckung, auch an den jüngsten Blättern (a, b); Virus-Nachweis durch Spezialisten.

VM: Degeneration durch Immissions- und Standorteinflüsse (Abb. 146); Nährstoffmangel (Abb. 147, 148); frühe Stadien von Saugschäden durch Buchenzierlaus (Abb. 154), Buchenzirpe (Abb. 150) oder Pilzinfektionen.

B: In Buchen verbreitet vorkommende Viren: Kirschenblattrollvirus (Abb. 242), Trespenmosaikvirus, Bohnengelbmosaikvirus.

LIT: 48, 165, 167, 195, 242

Abb. 150: Weißliche Sprenkelung durch Saugtätigkeit von Zwergzikaden (*Fagocyba cruenta*)

EM: Blattoberseits kleinste, silbrig weiße, durch Blattadern eckig begrenzte Flecke (Lupe). Tagsüber blattunterseits gelblich weiße, 3–4 mm lange, schmal keilförmige Imagines der verursachenden Zwergzikaden, die mit Hilfe langer, Borsten tragender Hinterbeine sprungfähig sind.

VM: Sprenkelung durch UV-Strahlung oder Ozon (Abb. 151), dann jedoch bräunlich.

B: Besonders an Schattenblättern, die durch starken Befall vollständig weiß erscheinen können; gleiches Symptom auch an Eiche, Ahorn und anderen Laubbaumarten.

LIT: 4, 214 Bd. 1

Abb. 151: Blattverfärbung durch Ozon oder ultraviolette Strahlung

EM: Auf der lichtexponierten Oberseite älterer Blätter Symptome durch
- *Ozon*: Bronzefärbung der Blattoberseite unter Aussparung der Adern (a), in mikroskopischer Aufsicht als Vielzahl sehr feiner, runder Pünktchen (b), bei denen es sich um die Aufsicht braun verfärbter Pallisadenzellen handelt.
- Ähnliche Symptome durch *UV-Strahlung*: feine bräunliche Sprenkelung der Blattoberseite einschließlich der Blattadern (c); in mikroskopischer Aufsicht erkennbar als größere, Puzzleartig verzahnte, auf den Blattadern streifenförmige Konturen braun verfärbter Epidermiszellen (d).

VM: Zwergzikaden (Abb. 150).

B: Beides im Spätsommer, nur an besonnten Blättern und Blattteilen. Sicherer Ozon-Nachweis durch eingehende mikroskopische Untersuchung. Vorkommen in Mitteleuropa selten, nur in sehr strahlungsreichen Sommern und Gebieten, in Südeuropa häufiger.

LIT: 110, 144, 237

Abb. 152: Buchenblattbräune und Triebsterben durch Pilzinfektion (*Apiognomonia errabunda*)

EM: Auf Blättern, meist entlang der Blattrippen, längliche, braune Nekrosen mit spitz gezackten Rändern (a, b), z.T. an Blattspitzen keilförmig verbreitert. Nekrosen stets von abgestorbenen Blattgallen durch *Mikiola fagi* oder *Hartigiola annulipes* ausgehend (b), darin rechts Galle von *M. fagi*, links Nekrose, die von der Ansatzstelle einer abgestorbenen und abgefallenen Galle (Pfeil) ausgeht. Infektion auch an Trieben, die dann absterben können (c). Auf Blatt- und Rindennekrosen bis 0,15 mm große Fruchtkörper (Acervuli) der ungeschlechtlichen Form des Erregers (*Discula umbrinella*, ähnlich Abb. 193, Lupe).

VM: Kalium-Mangel (Abb. 148); Schäden durch Springrüssler (Abb. 153), Trockenheit (Abb. 156), Auftau- oder Seesalz (Abb. 157), Immissionen (Abb. 158, 159).

B: Der Erregerpilz lebt zunächst endophytisch in den Blättern, wird dann durch Gallen zum Parasitismus stimuliert und tötet das Blattgewebe mit der darauf sitzenden Galle ab.

LIT: 34, 178

Abb. 153: Blattschäden und Kronenverlichtung durch Befall des Buchenspringrüsslers (*Rhynchaenus fagi*)

EM: Lochfraß an Blättern; von der Eiablagestelle an der Mittelrippe ausgehende Gangmine, die sich zur Blattspitze oder zum Blattrand hin zur Platzmine erweitert und braun wird (Pfeil). Wenn die Larvenentwicklung ausbleibt, vergilbt nur die Blattspitze (rechts) aufgrund leichter Verletzung der Mittelrippe; bei starker Beschädigung verdorren die Blätter. Benagen der Blattstiele durch die schwarzen, etwa 2 mm langen Jungkäfer führt zum Abfallen grüner Blätter im Juni/Juli.

VM: Schäden durch Hagel, Blattbräune (Abb. 152), Immissionen (Abb. 158, 159), Spätfrost (Abb. 155), Zierlaus (Abb. 154).

B: Bevorzugt nach Trockenjahren und an Bestandesrändern; an Buchen aller Altersstufen.

LIT: 25, 167, 214 Bd. 2

Abb. 154: Blattschäden durch Gemeine Buchenzierlaus, Buchenwolllaus, Buchenblatt-Baumlaus (*Phyllaphis fagi*)

EM: Blätter besaugter junger Maitriebe zunächst schwach gelb gescheckt, dann gekräuselt (a) und bei feuchter Witterung oft von den Seiten her nach unten eingerollt. Spitzen junger Blätter und Triebe können verbräunen und absterben. Blattunterseits Kolonien blassgelber bis hellgrüner, z.T. geflügelter Läuse mit bläulichweißer Wachswolle (b), die vorwiegend entlang der Mittelrippe saugen und farblose Honigtautropfen ausscheiden; daneben weißliche Häutungsreste. An stark besaugten Trieben später z.T. hell gelbgrüne Johannistriebe.

VM: Schäden durch schwachen Spätfrost (Abb. 155 c), Salz (Abb. 157), Buchenspringrüssler (Abb. 153), der hier (a) an der Verbräunung der Blätter beteiligt ist.

B: Befall vorwiegend an jungen Buchen und Stangenhölzern, bei gelegentlicher, witterungsbedingter Massenvermehrung jedoch auch in den Kronen von Altbuchen, die dann kleinblättrig und verlichtet erscheinen.

LIT: 25, 214 Bd. 1

Abb. 155: Blattschäden durch Spätfrost

EM: Schlaffes Herabhängen und Verbräunen junger Maiblätter (a); bei schwachem Frost bisweilen nur die besonders empfindlichen Blattadern bräunlich verfärbt (b) und im Wachstum gehemmt; dadurch Interkostalfelder zwischen dem geschädigten Adernetz ungeschädigt, grün und durch fortgesetztes Wachstum aufgewölbt und Blätter gekräuselt (c).

VM: Blattbräune (Abb. 152); Buchenspringrüssler (Abb. 153), Buchenzierlaus (Abb. 154); Immissionsschäden (Abb. 158, 159).

B: Vorwiegend an jungen Buchen sowie dem Laub der untersten Äste älterer Buchen, die am frühesten austreiben und der bodennahen Kaltluft am stärksten ausgesetzt sind. Besonders in Plateaulagen, feuchten Tälern und Senken, in denen sich Kaltluft bildet bzw. sammelt. Nach starkem Laubverlust durch Spätfrost Neuaustrieb hell gelbgrüner Ersatzblätter.

LIT: 145

Abb. 156: Blattschäden und Kronenverlichtung durch Trockenheit

EM: In trockenen Sommern, etwa ab Mitte Juli Kronenverlichtung durch vorzeitiges Abfallen grüner Blätter (a: Sommerlaubfall). An Bestandesrändern (c) und z.T. auch flächenhaft im Bestandesinnern hellbraune, von den Blatträndern und -spitzen ausgehende Verfärbung des Laubes (b).

VM: Salzschäden (Abb. 157), starker Springrüssler-Befall (Abb. 153).

B: Buche reagiert empfindlicher als andere Laubbaumarten, z.B. Eiche und Esche, die unter gleichen Bedingungen noch grün sind (a, c).

LIT: 144, 145, 151, 206

Abb. 157: Schäden durch chloridhaltiges See- oder Auftausalz

EM: – In *Küstennähe* nach Frühsommerstürmen luvseitige Bestandesränder vollständig braun belaubt durch Salzfracht des Seewindes (a).
– In *Straßennähe* Blätter mit braunen Randnekrosen (s. Abb. 159), z.T. nach innen gelb gesäumt.
Bei Anreicherung von Salz im Boden Absterben von Knospen, fehlender Frühjahrsaustrieb und Verkahlen der Zweige, später mit kleinen gelben Ersatzblättern (b). Chemische Analyse: Symptome bei Chlorid-Gehalten der Blätter von 0,5–3,0 % der TM und darüber.

VM: Immissionsschäden (Abb. 158, 159); Spätfrost (Abb. 155); Trockenheit (Abb. 156).

B: Durch Abfluss und Verwehung von salzhaltigem Wasser in benachbarte Bestände. Buche reagiert empfindlicher als z. B. Stieleiche, Traubeneiche, Esche, Birke.

LIT: 14, 58, 68, 144, 147, 206

157a

157b

Abb. 158: Schädigung durch Schwefeldioxid-Immission

EM: An jungen Blättern chlorotische Verfärbung von den Blatträndern und -spitzen aus und braune, nekrotische Flecke in der Mitte der Blattspreite (a); an älteren Blättern vom Blattrand ausgehende zungenförmige Nekrosen der Interkostalfelder (b). Chemische Analyse: ein Grenzwert für das Auftreten akuter Symptome ist nicht bekannt; chronische Schäden in Form von Chlorose und Wuchshemmung sind bei Schwefelgehalten der Blätter zwischen 0,15 % und 0,8 % der Trockenmasse zu erwarten.

VM: Schäden durch Chlorwasserstoff (Abb. 159), Nährstoffmangel (Abb. 147, 148), chloridhaltige Salze (Abb. 157), Pilzinfektion (Abb. 152), Buchenspringrüssler (Abb. 153), Buchenzierlaus (Abb. 154).

B: Im Lee von Nahemittenten.

LIT: 14, 50, 235, 236

Abb. 159: Schädigung durch Chlorwasserstoff-Immission

EM: Blattrand zunächst gelblich, dann braun verfärbt, mit scharfer, welliger Grenze zur noch grünen Blattspreite und oft feinem, fast schwarzem äußerem Saum; bei höherer Schadstoffkonzentration Blätter ganz braun. Chemische Analyse: Symptome bei Chloridgehalten der Blätter von 1–3 % der TM.

VM: Schäden durch Fluorwasserstoff, Schwefeldioxid (Abb. 158), Salz (Abb. 157), Trockenheit (Abb. 156), Kalium-Mangel (Abb. 148).

B: Im Lee von Nahemittenten.

LIT: 14, 50

Abb. 160: Schäden durch Buchenkrebslaus (*Schizodryobius pallipes*)

EM: Leittriebe junger Buchen oder Zweige und Äste älterer Bäume deformiert, z.T. im Sommer braun belaubt und absterbend (a); Rinde besaugter Stämme und Äste längs aufgeplatzt und durch Bildung von Wundkallus beulig aufgetrieben (b). Auf der Rinde Kolonien bräunlicher Läuse, die von Ameisen belaufen und zur Ausscheidung von Honigtau angeregt werden. Auf befallener Rinde bisweilen Gruppen kleiner, roter, kugelförmiger Perithecien und weißlicher Sporenlager von Pilzen (*Neonectria* spp: Abb. 162 d, Lupe), die zum Absterben der durch Läuse vorgeschädigten Leittriebe bzw. Äste beitragen.

VM: Zweig- und Astkrebs durch *Neonectria ditissima* (Abb. 161); Triebsterben durch *Apiognomonia errabunda* (Abb. 152).

B: Der Befall wird durch verschiedene Ameisenarten begünstigt, die die Baumläuse gegen ihre Feinde wirksam schützen und Massenvermehrungen der Läuse fördern. Schäden besonders an besonnten Stellen in der Nachbarschaft aufgelockerter Ränder von Fichtenbeständen, an denen Ameisenhaufen vorkommen, nicht dagegen an unterständigen Buchen im Inneren geschlossener Fichtenbestände.

LIT: 214 Bd. 1

Abb. 161: Nectria-Krebs an Stamm, Ästen und Zweigen (*Neonectria ditissima*)

EM: Durch mehrjährige Rindennekrosen
– an *Zweigen und dünnen Ästen* Gelb- bis Braunfärbung des Laubes und Absterben der Teile oberhalb der Infektionsstelle (a, Pfeil);
– an *dicken Ästen und am Stamm* beulige, unregelmäßig rissige Auftreibungen, im Frühstadium oft mit Schleimfluss (b), die später zu flächenhaft rissiger Rinde (c) und kraterartigen Krebswunden (d) führen; im Frühjahr mit roten Pilzfruchtkörpern, ähnlich Abb. 162 d.

VM: Buchenrindennekrose (Abb. 162); Phytophthora-Rindennekrose (Abb. 163), Stereum-Krebs (Abb. 172).

B: Besonders in luftfeuchten Lagen. Infizierte Zweige und Äste brechen bei Sturm an den Krebsstellen ab.

LIT: 34, 157

161b

161c

161d

Abb. 162: Buchenrindennekrose durch Buchenwollschildlaus (*Cryptococcus fagisuga*), den Pilz *Neonectria coccinea*, Witterungseinflüsse, „Buchenkomplexkrankheit"

EM: – *Frühsymptome*: nach Besaugen der Rinde durch Buchenwollschildlaus (a) und anschließende Nectria-Infektion kleine Nekroseflecke im Bast (b, Borke entfernt), die zu größeren primären Nekrosen zusammenwachsen und zu dunklem Schleimfluss führen (c). Auf der nekrotischen Rinde Gruppen 0,2–0,3 mm großer, roter, kugeliger Perithecien und weiße Sporenlager des Erregers *Neonectria coccinea* (a, Pfeil und d, Lupe), die so zahlreich sein können, dass große Teile der Rinde für begrenzte Zeit vollständig rot erscheinen. Die Frühsymptome sind in späteren Stadien meist nicht mehr deutlich erkennbar.

– *Fortgeschrittene Symptome*: Ausdehnung der primären Rindennekrosen zu etwa 5–10 Meter langen, spindelförmigen, stets auf der Schattseite der Stämme liegenden Nekrosestreifen, vorwiegend durch Ausbreitung von *Neonectria coccinea* in der Rinde (e).

– *Spätfolgen*: Besiedlung von Rinde und Holz im Randbereich der Nekrosen durch Laubnutzholzborkenkäfer (e Pfeil: weiße Bohrmehlhäufchen am Nekroserand; s. auch Abb. 170) und Sägehörnigen Werftkäfer (Abb. 169). Gleichzeitig beginnende Weißfäule durch Basidiomyceten, besonders durch Angebrannten Rauchporling und Echten Zunderschwamm (f: freigelegte

162e

162f

Nekrose im Spätstadium mit keilförmiger Holzzerstörung; s. auch Abb. 173, 174). Die zerstörten Rinde auf der Schattseite der Stämme reißt auf und löst sich ab, bei noch intakter sonnenseitiger Rinde und daher grüner Krone (g). Fruchtkörper der beteiligten Basidiomyceten erscheinen außen am Stamm, und die weißfaulen Stämme brechen.

VM: Rindenschäden durch *Phytophthora*-Infektion (Abb. 163), Frost (Abb. 168), diese jedoch nicht auf der Schattseite der Stämme.

B: Meist in Hochlagen der Mittelgebirge ab 400 m Höhe. Weitere Faktoren im Ursachenkomplex sind wahrscheinlich besondere Witterungsabläufe (Lit.: 173).

LIT: 149, 161, 173, 181, 211

162g

Abb. 163: Rindennekrose am Stamm durch *Phytophthora citricola*

EM: Am Stamm, unabhängig von der Himmelsrichtung, unregelmäßig geformte Nekrosen, mit toter, abfallender Rinde und frischen, aktiv wachsenden Rändern (Pfeile: kleine, schwarze Schleimfluss-Flecke auf verfärbter, nekrotischer Rinde); Zusammenfließen zunächst getrennter Infektionsherde, z.T. kettenartig am Stamm bis in 20 m Höhe, oft an Astansätzen oder Gabelungen und ohne Verbindung zum Wurzelbereich (vgl. dagegen Wurzelhalsfäule durch *P. cambivora*, Abb. 179). Frische, aktive Nekroseränder nach Abkratzen der Borke orangebraun, mit unscharfem, durchwässert erscheinendem Rand und fruchtigem Geruch. Erreger (meist *P. citricola*, daneben *P. cambivora, P. cactorum, P. gonapodyides*) nur im jüngsten Randbereich frischer Nekrosen mit Labormethoden kurzzeitig nachweisbar wegen schneller Sekundärbesiedelung der älteren Nekroseteile durch *Neonectria* spp..

VM: Nectria-Krebs (Abb. 161); Buchenrindennekrose (Abb. 162), diese jedoch mit glattrandigen, spindelförmigen, meist auf der Schattseite der Stämme liegenden Nekrosen; Rindenschäden durch Pracht- und Borkenkäfer (Abb. 165, 166), Sonnenbrand (Abb. 167) oder Winterfrost (Abb. 168), diese jedoch vorwiegend sonnenseitig am Stamm.

B: An Einzelbäumen oder kleinen Gruppen, besonders auf basenreichen Standorten.

LIT: 97, 100, 122

Abb. 164: Schäden durch die im Wald wichtigsten Wühlmaus-Arten, Rötelmaus (*Clethrionomys glareolus*) und Erdmaus (*Microtus agrestis*)

EM: Laub junger Buchen vergilbt (a) oder braun; Rinde an der Stammbasis abgenagt bis auf braune Bastreste (b); darin feine, meist etwas schräg stehende Zahnspuren.
- *Rötelmaus*: 8–10 cm lang, rötlich braun, glatthaarig, Schwanz kurz, Ohren relativ groß (c);
- *Erdmaus*: 9–13 cm lang, dunkel graubraun, stichelhaarig, Schwanz kurz, Ohren klein, unauffällig (d).

VM: Erdmaus sehr ähnlich der Feldmaus, die jedoch nur in offenem Gelände vorkommt.

B: Innerhalb des Waldes Schäden auf wenig vergrasten, krautreichen Jungwuchs- und Kulturflächen vorwiegend durch Rötelmaus, auf Flächen mit dichtem Graswuchs und frischen bis feuchten Standorten meist durch Erdmaus. Die Schäden entstehen im Winter und werden im Frühjahr sichtbar.

LIT: 214 Bd. 5

Abb. 165: Schäden durch Buchenprachtkäfer (*Agrilus viridis*)

EM: Kronenverlichtung, Ast- und Wipfelsterben; meist südseitig an Stamm und Ästen Schleimfluss mit hellem Hof durch Fehlen des Algenbelags (a); zwischen Rinde und Holzkörper gewundene, flache, ungleich breite Fraßgänge der Larven, sowie einzelne, ins Holz führende Öffnungen von Puppenwiegen (b); in der Rinde oben flach und unten stark gewölbte Ausbohrlöcher der Jungkäfer (c).

VM: Schleimfluss durch andere Käfer (Abb. 166) oder Phytophthora-Infektion (Abb. 163, 179).

B: Nach Hitze und Dürre an Bestandesrändern, in verlichteten Beständen, bei plötzlicher Freistellung.

LIT: 10, 205, 214 Bd. 2,

Abb. 166: Befall durch Kleinen Buchenborkenkäfer (*Taphrorychus bicolor*)

EM: Einseitig am Stamm zahlreiche sehr kleine Einbohrstellen mit wenig Schleimfluss (a); im Bast längliche bis undeutlich sternförmige, vorwiegend längs gerichtete Muttergänge und dichte, einander oft überkreuzende Larvengänge (b); Käfer 1,6 – 2,2 mm lang (c).

VM: Äußerlich ähnliches Bild bei starkem Befall durch Laubnutzholzborkenkäfer (Abb. 170).

B: An frisch gefällten oder stark vorgeschädigten, stehenden Stämmen, z. B. durch Phytophthora-Wurzelfäule oder nach trockener, heißer Witterung, dann vorwiegend an Bestandesrändern auf sonnenexponierten Stammseiten.

LIT: 10, 214 Bd. 2

Abb. 167: Absterben der Rinde durch Überhitzung, „Sonnenbrand"

EM: Rinde an stark besonnten Stammabschnitten, meist am Stammfuß, längs und quer reißend und abfallend (a). Erstbesiedlung des freigelegten Holzes durch den Spaltblättling (*Schizophyllum commune*, b).

VM: Abb. 162, 163, 168.

B: Im Freistand und an nach Süden bis Westen offenen Bestandesrändern.

LIT: 22, 34, 145

Abb. 168: Absterben der Rinde durch tiefen Winterfrost, echter „Frostriss"

EM: Absterben und Aufreißen der Rinde in langen Streifen auf den Süd- und Westseiten der Stämme. An den Rändern dieser Nekrosestreifen Überwallungswülste, die schon vor dem Aufreißen unter der noch anhaftenden Rinde erkennbar sind. Erfrorene, aber noch anhaftende Rinde frühzeitig durch den Angebrannten Rauchporling (*Bjerkandera adusta*, Abb. 174) und später weitere Basidiomyceten besiedelt.

VM: Andere großflächige Rindenschäden (Abb. 162, 163, 167).

B: Bei tiefen Frosteinbrüchen nach mildem Vorwinter und Besonnung der Stämme. Besonders an Südhängen, auch im Bestandesinneren.

LIT: 144, 145, 216

Abb. 169: Schäden durch Sägehörnigen Werftkäfer (*Hylecoetus dermestoides*)

EM: An Stubben und liegenden Stämmen große Mengen grobkörnigen Bohrmehls (a: Korngröße etwa 0,8 mm) aus radial (b) oder parallel zur Stammoberfläche verlaufenden Larvengängen. Außen auf befallenem Holz typische, sehr verschieden große Bohrlöcher (c). Larve bis 18 mm lang, mit dünnem, am Ende braunem, gezähntem Analfortsatz (d). Käfer 6–18 mm (e, weiblich).

VM: Bohrmehlauswurf des Laubnutzholzborkenkäfers (Abb. 170).

B: Besonders an feucht lagerndem Stammholz und stehenden Buchen mit Rindennekrose (Abb. 162); polyphag an allen Laub- und Nadelbaumarten.

LIT: 10, 25, 88, 214 Bd.2, 215

169a

169b

169c

169d

169e

Abb. 170: Schäden im Stammholz durch Laub- (Buchen-) nutzholzborkenkäfer (*Trypodendron domesticum*)

EM: An Einbohrlöchern (a) z.T. weißes, feinkörniges Bohrmehl (Abb. 204 a, Korngröße ca. 0,4 mm), das auch in Form dünner Stifte aus den Bohrlöchern ragen kann. Im Holz von radialer Eingangsröhre ausgehende, jahrringparallele, horizontale, bis 5 cm lange Muttergänge mit ca. 4 mm langen, vertikalen, leitersprossenartigen Larvengängen (b). Käfer 3,0–3,5 mm lang, mit am Innenrand zugespitzten Fühlerkeulen und am Absturz längs gefurchten Flügeldecken (c, Pfeil).

VM: *T. signatum* (Abb. 204); Werftkäfer (Abb. 169), gröberes Bohrmehl.

B: An kränkelnden Buchen (z.B. Abb. 162), lagernden Stämmen und Stubben.

LIT: 10, 25, 83, 214 Bd. 2

Abb. 171: Verfärbung des zentralen Stammholzes durch fakultative Farbkerne

EM: Große Teile des zentralen Stammholzes rotbraun verfärbt, Verfärbung im Längsschnitt den ganzen Stamm spindel- oder kegelförmig durchziehend. Im Querschnitt mit glatten, rundlichen Rändern („Rotkern“) oder aus kleineren rundlichen Teilen wolkenartig zusammengesetzt (a: „Wolkenkern“) oder mit spitz gezackten Rändern und vorgelagerten Flecken (b: „Spritzkern“), dann meist größere Teile des Querschnitts einnehmend als die glattrandigen Farbkerne. Bei Luftzutritt Ränder der Spritzkerne oft schwarzbraun, nach Buttersäure riechend („abnorme Spritzkerne“). Ähnliche Verfärbungen treten auch an Wunden („Wundkern“) und Fällschnitten („Einlauf“) auf.

VM: Holzfäulen durch Pilze (Abb. 173 c, 178), die auch zusammen mit Farbkernen vorkommen.

B: Normale, aber nicht regelmäßig auftretende, fakultative Verfärbung; keine echte Verkernung wie z. B. bei Eiche, Ulme. Vorkommen im alternden, inneren Holzkörper durch Sinken der Holzfeuchte, Verthyllung der Gefäße, Absterben von Holzparenchym und oxidative Verfärbung. Beschleunigt und abgewandelt durch Sauerstoffzutritt, z. B. über Astabbrüche, Wunden, Trockenheit, Frost, Standorteinflüsse; z. T. mit sekundärer Bakterienbesiedlung (b); besonders an über 60jährigen Buchen, mit dem Alter zunehmend.

LIT: 193, 217

Abb. 172: Stereum-Krebs und Holzfäule durch Runzligen Schichtpilz (*Stereum rugosum*)

EM: Auf der Stammrinde krustenartige, porenlose Fruchtkörper des Erregers (a), die sich an Druckstellen rot färben (Abb. 40 d); Rand des Infektionsherdes zunächst nur durch schwache Wulstbildung unter der Rinde erkennbar (a, Pfeil); später durch jährlich wiederholte Abwehrreaktionen der Rinde zahlreiche, konzentrische Wülste um die Infektionsstelle (b). Weißfäule im darunter liegenden Holz sowie Stammdeformation durch einseitigen Holzzuwachs.

VM: Nectria-Krebs (Abb. 161).

B: Infektion unter feuchten Bedingungen über Totäste und Wunden.

LIT: 34, 112, 137, 140

Abb. 173: Weißfäule des Holzes durch Zunderschwamm (*Fomes fomentarius*)

EM: Am Stamm lebender (a) oder toter Buchen (d) 10–30 cm breite, konsolenförmige Fruchtkörper des Erregers mit harter, grauer Oberseite (b), braun zoniertem Rand und hell beigebrauner, feinporiger Unterseite. Zersetztes Stammholz gelblich weiß, faserig, von schwarzer Linie begrenzt (c), mit radialen oder jahrringparallelen Schwundrissen, in denen sich Myzelmatten des Pilzes („Zunder") bilden (c, Pfeil). Risse oft außen am Stamm als Längsrisse sichtbar (a, Pfeil).

VM: Rotrandiger Baumschwamm (Abb. 42), der an Buche oft sekundär nach Zunderschwamm vorkommt.

B: Befall lebender Stämme führt zu deren Bruch und danach zu saprophytischer Zersetzung (d).

LIT: 34, 111, 115, 137, 140, 213

Abb. 174: Weißfäule durch Angebrannten Rauchporling (*Bjerkandera adusta*)

EM: Fruchtkörper flach anliegend, oben z.T. etwas abstehend (a) oder dünn konsolenförmig, oft dachziegelartig übereinander (b), oberseits braun bis schwarz, hier radial gewellt, zoniert und mit gelapptem Rand (*B. adusta* f. *crispa*), unterseits grau, an Druckstellen schwarzbraun verfärbend, feinporig mit weißem Rand (b). Erreger einer aggressiven, von außen nach innen vordringenden Weißfäule (a).

VM: Stereum-Arten. (Abb. 172), diese jedoch ohne Poren.

B: Früher Besiedler vorgeschädigter Bäume, z. B. durch Buchenrindennekrose (Abb. 162) oder Winterfrost (Abb. 168).

LIT: 111, 115, 140, 192

Abb. 175: Weißfäule durch Flachen Lackporling (*Ganoderma lipsiense*)

EM: Fruchtkörper konsolenförmig, 10–30 cm breit, flach oder (im Bild) hufförmig, deutlich zoniert, mit schmalem weißem Rand, oberseits rostbraun durch Belag mit eigenen Sporen, weiter innen graubraun bis grau; unterseits mit weißlicher Porenschicht, die bei Druck und im Alter braun wird. Fruchtkörper meist in Bodennähe, gelegentlich auch höher am Stamm.

VM: *G. adspersum*, jedoch dicker und oberseits kaum zoniert (FAG).

B: Von Wurzelwunden an lebenden Buchen ausgehende Stockfäule, selten Stammfäule, führt zu Windbruch oder -wurf und danach saprophytischem Abbau des Holzes.

LIT: 111, 115, 140, 192, 213

Abb. 176: Weißfäule durch Austernseitling (*Pleurotus ostreatus*)

EM: Fruchtkörper muschelförmig, seitlich kurz gestielt, oberseits glatt, unterseits mit am Stiel herablaufenden Lamellen (b); Hutfarbe stark variierend von graublau (c: f. *columbinus*) bis gelbbraun (a, b: f. *salignus,* „Gelber Seitling").

VM: Berindeter Seitling (*Pleurotus dryinus*), Abb. s. FAG.

B: Weißfäuleerreger an Stubben und liegenden Stämmen oder als Wund- und „Schwächeparasit" an lebenden, stark vorgeschädigten Buchen, z. B. durch Buchenrindennekrose (Abb. 162) oder Winterfrost (a: südseitige, streifenförmige Frostplatte, vgl. auch Abb. 168).

LIT: 26, 34, 78, 137, 140

Abb. 177: Wurzel- und Stockfäule durch Riesenporling (*Meripilus giganteus*)

EM: Auf der Oberseite flach streichender Hauptwurzeln und an Wurzelanläufen 20–60 cm große, gelbbraune Fruchtkörper (a), bestehend aus vielen Einzelhüten auf gemeinsamem Strunk. Hüte dünn, weich, einjährig, oberseits undeutlich gezont, unterseits mit cremeweißer Porenschicht, die sich bei Druck und Alterung schwarz verfärbt (b).

VM: Klapperschwamm (Abb. 211).

B: Erreger von Weißfäule an Hauptwurzeln und im Stammfuß sehr alter oder vorgeschädigter Buchen, die dann kleinblättrige, verlichtete Kronen mit absterbenden Zweigen zeigen und stark durch Windwurf gefährdet sind.

LIT: 111, 115, 137, 140, 213, FAG

Abb. 178: Wurzel- und Stockfäule durch Brandkrustenpilz (*Ustulina deusta*)

EM: Zwischen Wurzelanläufen sich ablösende Rinde (a: Frühsymptom). Im Bast, nach flachem Abkratzen der Borke, typische, schwarzweiß gefleckte Nekrosen (b). Holz des Stammfußes durch Moderfäule gelblich weiß, von schwarzen Linien durchzogen und begrenzt (c); an faulem, der Luft ausgesetztem Holz glatte, schwarze Inkrustierungen. An Wurzelanläufen schwarze, brüchige, unregelmäßig buckelige Krusten (d, links); darin eingesenkt zahlreiche Perithecien, deren Öffnungen an der Oberfläche als kleine Höcker erscheinen (Lupe); daneben im Frühjahr hellgraue, weiß berandete Konidienlager (d).

VM: *Phytophthora*-Infektion (Abb. 179).

B: Verbreitet an Stubben, Totholz sowie als Wund- und Schwächeparasit an lebenden Bäumen von Ahorn, Birke, Buche, Eiche, Esche, Hainbuche, Linde, Ulme, Pappel. Die Wurzelfäule führt zu Windwurf.

LIT: 26, 34, 115, 213, 220

Abb. 179: Absterben durch Phytophthora-Wurzelhalsfäule (*Phytophthora cambivora*, und weitere *Phytophthora*-Arten)

EM: – In *Altbeständen* zunächst Kronenverlichtung durch Sommerlaubfall, später vom Wipfel aus abwärts fortschreitendes Zurücksterben der Oberkrone (a). An Wurzelanläufen und Stammfuß dunkle Schleimflussflecken, zunächst in Bodennähe (b), später bis in mehrere Meter Höhe am Stammfuß (c); im Bast zungenförmige, aus dem Wurzelbereich aufsteigende Nekrosen (b: nach Abkratzen der Borke), die zum Kränkeln und Absterben der Buchen führen.
– An *jungen Buchen* Vergilbung des Laubes (d), Wurzelnekrosen (e) und einseitige oder stammumfassende schwarzbraune Nekrosen am Wurzelhals (f: sichtbar erst nach Freilegen des Wurzelstockes); oberhalb solcher Nekrosen oft Adventivwurzeln oder Kallus (f: heller Wulst); schnelleres Absterben innerhalb von 1–2 Jahren.

VM: Wurzel- und Stockfäule durch Brandkrustenpilz (Abb. 178) oder Hallimasch (Abb. 215), die oft sekundär nach *Phytophthora*-Infektion auftreten.

B: Besonders auf tonreichen, zur Vernässung neigenden Böden mit erhöhtem Kalkgehalt; in jungen Beständen auch auf tonarmen Sandböden, sofern hoher Kalkgehalt durch frühere Ackernutzung und Vernässung durch zeitweise hohe Niederschläge gegeben sind.

LIT: 97, 100, 122

179d

179e

179f

Eiche (*Quercus*)

Verlichtung und Zurücksterben der Krone, Absterben durch
- „Eichensterben" durch mehrere, komplexe Ursachen: Abb. 180
- Zopftrocknis, Absprünge: Abb. 181
- Blattfraß durch Raupen: Abb. 182

Vergilbung der Blätter durch
- Kalkchlorose: Abb. 183
- Magnesium-Mangel: Abb. 184
- Kalium-Mangel: Abb. 185
- Stickstoff-Mangel: Abb. 186

Rotfärbung der Blattränder durch
- Phosphor-Mangel: Abb. 187

Weiß-, Gelb-, Braunfleckung, Deformation der Blätter durch
- Virus-Infektion: Abb. 188
- Zwergzikaden (*Typhlocyba*): Abb. 150
- Zwergläuse (*Phylloxera*): Abb. 189
- Herbizid-Schädigung: Abb. 190

Braune Rand- und Spitzennekrosen der Blätter durch
- Trockenheit und Hitze: Abb. 191
- Spätfrost: Abb. 192

Blattschäden, Sommerlaubfall durch
- *Apiognomonia quercina* und Erzglanzmotte: Abb. 193

Weißer oder schwarzer Belag auf Blättern durch
- Eichenmehltau: Abb. 194
- Rußtau, Schwärzepilze: Abb. 195

Triebsterben durch
- Winterfrost (Johannistriebe): Abb. 196
- Eichenrindenbrand (*Fusicoccum quercus*) und weitere Pilze: Abb. 197

Rindenschäden am Stamm durch
- „T-Krankheit": Abb. 198
- Krebs: Abb. 199, 200
- Ustulina-Fäule: wie Abb. 178 a, b
- Blitzschlag: Abb. 201
- Winterfrost: Abb. 202

Rinden- und holzbrütende Käfer
- Eichensplintkäfer (*Scolytus intricatus*): Abb. 203
- Eichennutzholzborkenkäfer (*Trypodendron signatum*): Abb. 204
- Gehöckerter Eichenholzbohrer (*Xyleborus monographus*): Abb. 205
- Ungleicher Holzbohrer (*Xyleborus dispar*): Abb. 206
- Sägehörniger Werftkäfer: Abb. 169
- Eichenprachtkäfer: Abb. 180

Wundleisten am Stammfuß durch
- endogene Risse im Holz: Abb. 207

Holzfäulen im Stamm und Wurzelstock durch
- Eichenfeuerschwamm (*Phellinus robustus*): Abb. 208
- Schwefelporling (*Laetiporus sulphureus*): Abb. 209
- Leberpilz (*Fistulina hepatica*): Abb. 210
- Klapperschwamm (*Grifola frondosa*): Abb. 211
- Mosaik-Schichtpilz (*Xylobolus frustulatus*): Abb. 212
- Wurzelrübling (*Collybia fusipes*): Abb. 213
- Brandkrustenpilz (*Ustulina deusta*): Abb. 178, 214

Wurzelfäule durch
- Hallimasch (*Armillaria* spp.): Abb. 215

Abb. 180: Absterben von Eichen durch komplexes Zusammenwirken mehrerer biotischer und abiotischer Ursachenfaktoren, „Eichensterben"

EM: Kronen innerhalb von 1–2 Jahren stark verlichtend, mit büscheliger, z.T. vergilbter Restbelaubung am Ende kahler Triebe; in der Oberkrone zunehmend kahle, abgestorbene Zweige und Äste (a). Südseitig am Stamm oft dunkle Schleimflussflecke (b) durch den Larvenfraß des Zweipunkt-Eichenprachtkäfers (*Agrilus biguttatus*). Im Bast Fraßgänge der Larven, die von einer länglichen Nekrose ausgehend anfangs schmal und vorwiegend längs gerichtet sind (c:

180d

180e

180f

180g

nach Abtragen von Borke und äußerem Bast), später bis 4 mm breit werden und zickzackförmig verlaufen (d). Darin 10–40 mm lange Larven (e), die sich nach (1)–2jähriger Entwicklung verpuppen. Ab Juni Ausfliegen der Käfer (f) aus halbrunden, 3–4 mm breiten Löchern in der Borke (g), meist auf der Südseite der Stämme. Befallene Rinde innen zunächst hell, dann braun und absterbend. Der anfangs südseitige Befall kann später auch auf andere Stammseiten übergreifen (d). Einseitiger Befall führt zu ein- bis mehrjährigem Kränkeln mit sichtbaren Kronenschäden (a); stammumfassender Befall führt zum Absterben. In der Spätphase oft weiße Myzelmatten unter der absterbenden Rinde am Stammfuß (h) durch den schwach parasitischen gelbschuppigen Hallimasch, *Armillaria gallica*.

VM: Kronenverlichtung durch Absprünge (Abb. 181); Raupenfraß ohne nachfolgendes Absterben (Abb. 182); Wurzelschäden durch *Phytophthora* (s. unten) oder Wurzelrübling (Abb. 213).

B: Prachtkäfer- und Hallimaschbefall erfolgt erst nach Schwächung (Prädisposition) der Eichen, z. B. durch
- starke Entlaubung durch Raupenfraß („Kahlfraß“, Abb. 182 b),
- Witterungsextreme (Trockenheit oder Winterfrost besonders starker Ausprägung, Abb. 202),
- Wurzelschäden durch Bodenverdichtung oder *Phytophthora*-Infektion (*P. quercina, P. cambivora*), besonders auf basen- und tonreichen bzw. zeitweise vernässten Böden.

„Eichensterben“ entsteht wahrscheinlich durch Zusammenwirken mehrerer genannter Faktoren. Vorkommen häufiger auf schweren, wechselfeuchten oder grundwasserbeeinflussten Böden als auf gut drainierten Sandböden und häufiger an Stiel- als an Traubeneichen. Eine Beteiligung von Immissionseinflüssen ist nicht bekannt.

LIT: 16, 52, 61, 76, 96, 99, 120, 230

180h

Abb. 181: Kronenverlichtung durch „Absprünge" und „Zopftrocknis"

EM: – *Absprünge*: vermehrtes Abfallen belaubter ein- und mehrjähriger Zweige (a) durch aktive Abtrennung an Jahrgangsgrenzen; Trennstelle am Absprung konvex (b), am zurückbleibenden Zweigende konkav (b rechts); Höhepunkte im Frühjahr und Herbst.
– *Zopftrocknis*: an randständigen oder plötzlich freigestellten Eichen Zurücksterben der Primärkrone vom Wipfel aus. Gleichzeitig am Stamm von unten nach oben fortschreitender Austrieb ruhender Knospen. Dadurch Bildung von „Wasserreisern" und Entwicklung einer kegelförmigen, vitalen Sekundärkrone (c).

B: Physiologisch gesteuerte Reaktionen auf Umweltveränderungen bzw. Belastungen,
– bei *Absprüngen* besonders durch Sommertrockenheit, z.T. in Verbindung mit Kahlfraß (Abb. 182),
– bei *Zopftrocknis* durch stark erhöhten Lichtgenuss nach Freistellung, besonders bei schon vorher kleinkronigen Bäumen.

LIT: 135, 188, 190

181a

181b

181c

Abb. 182: Kronenverlichtung durch Raupenfraß verschiedener Schmetterlingsarten der „Eichenfraßgesellschaft“

EM: Im Mai, besonders in Altbeständen, Fraß in aufbrechenden Knospen, an Blüten und am jungen Laub, das durchlöchert und von den Blatträndern aus schartig befressen wird (e, unten links); Krone verlichtet (a) oder bis auf wenige bräunliche Reste vollständig entlaubt („Kahlfraß“, b). In befressenen Beständen hörbares Rieseln von Kotkrümeln, die als dunkle Partikel auf der Bodenvegetation liegen; an Gespinstfäden hängende Raupen. Ab Juni Wiederbelaubung durch Neuaustrieb, der nicht mehr befressen wird (außer durch den später fressenden Schwammspinner, g, h). Wichtigste in Mitteleuropa vorkommende Arten, die einzeln oder gemeinsam auftreten können:

– Eichenwickler (*Tortrix viridana*): Raupe bis 20 mm, graugrün, mit schwarzen Punkten, schwarzem Kopf, bräunlichem Nackenschild und 2 schwarzen Flecken am Hinterende (c); Fraß versteckt in gefalteten oder gerollten, versponnenen Eichenblättern, in der Krone von oben nach unten fortschreitend; Falter (d) mit 18–23 mm Spannweite, schwärmt ab Juni.

– Kleiner Frostspanner (*Operophtera brumata*): Raupe bis 23 mm, gelbgrün oder bläulichgrün, mit hellem Kopf, blassgrüner Mittellinie und seitlichen, weißen Längslinien (e, links unten); Fraß frei bis versteckt, in lose versponnenen Blattteilen, in der Krone von unten nach oben fortschreitend, auch am

Unterstand; männlicher Falter (f) mit 22–30 mm Spannweite, im Spätherbst schwärmend, Weibchen 6–8 mm, flugunfähig, kriecht am Stamm aufwärts.

– Großer Frostspanner (*Erannis defoliaria*): Raupe bis 35 mm, mit gelblich braunem Rücken, dunkler Zeichnung und welligem, dunklen Seitenstreifen, darunter gelb (e, oben und rechts). Frei fressend, zuerst in der unteren Krone und am Unterstand; männlicher Falter mit bis zu 40 mm Spannweite, gelblich bis rotbraun, dunkel gebändert, im Spätherbst schwärmend; Weibchen mit hellem, dunkel gefleckten Abdomen, flugunfähig, kriecht am Stamm aufwärts.

– Schwammspinner (*Lymantria dispar*): Raupen bräunlich (L_{1-2}), dann fast schwarz (L_3, g, rechts), später hellgrauschwarz gezeichnet mit schwarzen, blauen und roten, starr behaarten Warzen und gelblichem, schwarz gezeichnetem Kopf (L_{4-6}, g, links); Falter mit 30–80 mm Spannweite (h: oben Weibchen, unten Männchen, Pfeil) schwärmt ab Juli; Eigelege auf der Rinde unter gelbbrauner Wolle.

VM: „Eichensterben“, Abb.180, mit Totreisig in der Krone, das hier fehlt.

B: Massenvermehrungen bei Eichenwickler unregelmäßig, bei Frostspanner alle 7–9 Jahre. Schwammspinner nur in warmen Gebieten und Jahren. Kahlfraß kann zum Absterben beitragen (s. Abb. 180).

LIT: 5, 118, 162, 214 Bd. 3, 215, 221

Abb. 183: Blattvergilbung durch Eisen-/Mangan-Mangel, „Kalkchlorose"

EM: Blätter einzelner Bäume vom Beginn der Laubentfaltung an gelbgrün (a), bei stärkerer Ausprägung zunehmend gelb bis weißlich gelb (c 1.3, 1.4). Blattadern bis in die feinsten Verzweigungen grün bleibend (b). Zunehmende Vergilbung geht mit zunehmendem Mangan-Mangel in den Blättern einher. Chemische Analyse: Mangan-Gehalte der Blätter (c, von links nach rechts) 1.1: 44 mg/kg, 1.2: 26 mg/kg, 1.3: 12 mg/kg, 1.4: 9 mg/kg der Trockenmasse (Normalgehalte sehr variabel: 60–1400 mg/kg der TM), bei gleichzeitig guter sonstiger Nährstoffversorgung und insbesondere hohem Calcium-Gehalt (b: 1,63 % der TM). Vergilbung oft nur an einzelnen Ästen oder Kronenteilen bei noch grüner übriger Krone. Grad der Vergilbung von Jahr zu Jahr unterschiedlich. Nach langjähriger Vergilbung kann es zum Kümmern und Absterben von Kronenteilen oder ganzen Bäumen kommen.

VM: Andere Nährstoffmangelerscheinungen (Abb. 184–186).

B: Auf Standorten mit basischer bis neutraler Bodenreaktion aufgrund schlechter Verfügbarkeit vorwiegend von Mangan. Besonders an Rot- und Stieleiche, an Bestandesrändern und freistehenden Bäumen. Oft verstärkt durch trockene, warme Sommer sowie durch Infektionen der Feinwurzeln durch *Phytophthora*-Arten, die zum Absterben der Eichen beitragen.

LIT: 14, 125, 131, 231, 235

Abb. 184: Blattverfärbung an Traubeneiche durch Magnesium-Mangel

EM: Vergilbung und fleckige Braunfärbung der Interkostalfelder, die in der Mitte der Blattspreite beginnt und sich zum Blattrand hin in den Blatthälften etwa symmetrisch ausdehnt, wobei die Blattadern und ihre unmittelbare Umgebung grün bleiben; Symptome erscheinen zuerst an älteren Blättern. Chemische Analyse: Mangelsymptome bei Magnesium-Gehalten der Blätter unter 0,11 %, hier bei 0,07 % der Trockenmasse.

VM: Andere Nährstoffmangelerscheinungen (Abb. 183, 185, 186).

B: Besonders auf armen, sauren Mineralböden, sowie auf Moorstandorten.

LIT: 14, 229, 235

184

Abb. 185: Blattverfärbung an Stieleiche durch Kalium-Mangel

EM: Vom Blattrand ausgehende Vergilbung und braune, fleckige, zusammenfließende Nekrosen der Blattränder und -spitzen; von den älteren zu den jüngeren Blättern fortschreitend. Z. T. löffelartige Aufwölbung der Blattspreiten und Einrollen der Blattränder (nicht abgebildet). Chemische Analyse: Symptome bei Kalium-Gehalten unter 0,4 % der Trockenmasse.

VM: Magnesium-Mangel (Abb. 184); Trockenheit (Abb. 191); Pilzinfektion (Abb. 193).

B: Auf sauren Mineralböden und Moorstandorten, besonders nach längerer Trockenheit. Abgebildetes Symptom experimentell erzeugt.

LIT: 14, 229, 235

185

Abb. 186: Blattvergilbung an Traubeneiche durch Stickstoff-Mangel

EM: Gleichmäßige, gelbgrüne Verfärbung der ganzen Blattspreite einschließlich der Adern; Kleinblättrigkeit und stockendes Wachstum. Chemische Analyse: Symptome bei Stickstoffgehalten unter etwa 1,9 %, hier bei 1,6 %, bei gleichzeitig schwacher Calcium-, Magnesium- und Phosphor-Versorgung.

VM: Andere Nährstoffmangelerscheinungen (Abb. 183–185).

B: Stickstoff-Mangelsymptome können Folge von Rindenschäden an Stamm oder Wurzeln sein.

LIT: 14, 229, 235

Abb. 187: Blattverfärbung an Stieleiche durch Phosphor-Mangel

EM: Blätter zunächst dunkel bläulichgrün durch relativ erhöhten Chlorophyllgehalt (a), später violettrote bis kupferbraune, gelb gesäumte, von den Blatträndern ausgehende Verfärbung durch vermehrte Anthocyan-Bildung. Chemische Analyse: Symptome bei Phosphor-Gehalten unter 0,1–0,2 %, hier bei 0,061 % der TM und ausreichenden sonstigen Nährstoffen.

VM: Kalium-Mangel (Abb. 185); Trockenheit (Abb. 191).

B: Auf sauren oder verdichteten Böden, besonders bei Trockenheit oder Kälte, die die Aufnahme von Phosphor aus dem Boden hemmen.

LIT: 14, 292, 235

Abb. 188: Vergilbung und Deformation durch Virus-Infektion an Stieleiche

EM: Symptome durch Viren der
- *Potex-* oder *Poty-Gruppe*: chlorotische Sprenkelung und Kleinblättrigkeit (a: rechts; links Blätter von gesunder Traubeneiche);
- *Tobamo-Gruppe*: chlorotische Fleckung der Blattspreite;
- *Nepo-Gruppe*: chlorotische Ringfleckung und Linienmuster.

VM: Frühstadien von Insekten-Befall (Abb. 150, 189) oder Pilzinfektion (Abb. 194); Nährstoffmangel (Abb.184–186).

B: Wuchshemmung junger Pflanzen.

LIT: 48, 164, 165, 195

189

Abb. 189: Blattfleckung durch Saugtätigkeit von Zwergläusen (*Phylloxera coccinea*)

EM: Im Frühjahr im Randbereich junger Blätter meist blattunterseits gelbliche, eingesunkene Saugstellen, umgeben von kreisförmig abgelegten Eiern (Abb. FAG). Auf der Blattoberseite kleine, rundliche, zunächst gelbe, dann weißliche bis hellbraune, zu größeren Bereichen zusammenfließende Flecke.

VM: Gelbliche Fleckung durch Viren (Abb. 188), Eichenmehltau (Abb. 194 b), Gallwespen (FAG), Blattfloh (FAG); Braunfleckung durch Magnesium-Mangel (Abb. 184), Blattbräune (Abb. 193).

B: Stark befallene Blätter können absterben.

LIT: 214 Bd. 1; FAG

190

Abb. 190: Schädigung durch unsachgemäße Herbizid-Anwendung (Wirkstoff: Glyphosat)

EM: Blätter schmal zungenförmig deformiert, mit abwärts gebogenen Spreiten und gelb gefleckten oder gestreiften Interkostalfeldern; später Blattnekrosen und allgemeine Wachstumshemmung; Umstände des Auftretens.

B: Der Wirkstoff wird über grüne Blätter aufgenommen, schädigt Knospen und Blätter direkt und wird in der Pflanze systemisch verlagert. Nicht zur Überkopfanwendung in Laubholzkulturen geeignet. Schäden hier durch Abdrift von behandelten Flächen in den unteren Kronenbereich eines benachbarten Bestandesrandes.

LIT: 12, 13, 155

Abb. 191: Blattschäden durch Trockenheit und Hitze

EM: Gelbgrüne bis gelbe Verfärbung des gesamten Laubes (a), z.T. mit Blattrandnekrosen oder Braunfärbung der Blattränder ohne gleichzeitige Vergilbung (b).

VM: Kalium-Mangel (Abb.185); Stickstoff-Mangel (186).

B: Besonders auf leichten Sandböden nach längerer Einwirkung von Hitze und Trockenheit auf junges Laub im Frühsommer; nachfolgend Triebsterben oder Absterben junger Eichen durch sekundäre Pilzinfektion möglich (Abb. 197).

LIT: 61, 145, 151, 206, 230

Abb. 192: Blattschaden durch Spätfrost

EM: Welken und Absterben der Blattspitzen durch Einwirkung von Nachtfrost auf die Maiblätter, meist in der Zeit von Ende Mai bis Anfang Juni. Die später austreibenden Johannistriebe (oben) sind nicht betroffen.

B: Besonders auf vergrasten Freiflächen und in Senken bei nächtlichem Strahlungsfrost.

LIT: 144, 145, 151, 206

193a

193b

Abb. 193: Blattschäden und Sommerlaubfall durch Pilzinfektion (*Apiognomonia quercina)* und Befall der Erzglanzmotte *Heliozela sericiella*

EM: Im Lauf des Sommers vermehrtes Abfallen teilweise noch grüner Blätter mit braunen Flecken oder schwarzen Blattstielen:
– Bei *Pilzinfektion* mit rundlichen oder unregelmäßig länglichen, braunen, nekrotischen Flecken (a). Darin blattunterseits, besonders auf den Adern sehr kleine, hell- bis dunkelbraune oder auch schwarze Pilzfruchtkörper, aus denen bei erhöhter Feuchtigkeit cremeweiße Sporenranken der ungeschlechtlichen Form des Erregers (*Discula quercina*) austreten (c, Lupe). Daneben kann ein weiterer Pilz (*Dothiorella* sp.) an der Entstehung der Nekrosen beteiligt sein. Ebenfalls blattunterseits treten linsenförmige oder anders geformte Gallen (*Neurotus numismalis, Polystepha panteli*) oder deren Anlagen auf (Abb. s. FAG), die durch Aktivierung der Pilze zur Nekroseentwicklung beitragen, dabei aber selbst vorzeitig absterben (vgl. Abb. 152).
– Bei *Befall durch Erzglanzmotten* wird der Blattstiel ausgehöhlt und färbt sich schwarz, wodurch es zu vorzeitigem Blattfall kommt (b, d).

VM: Zwerglaus-Befall (Abb. 189); Magnesium- oder Kalium-Mangel (Abb. 184, 185).

B: *Apiognomonia quercina* lebt als Endophyt symptomlos im Blatt und wird erst durch die Gallen zu parasitischer Entwicklung stimuliert.

LIT: 34, 178, 214 Bd. 3

Abb. 194: Gelbfleckung und weißes Pilzmyzel an Blättern durch Eichenmehltau (*Erysiphe* [*Microsphaera*] *alphitoides*)

EM: Ab Mitte Mai an einzelnen Maiblättern unterseits weiße Myzel-Kolonien (Lupe), die blattoberseits als runde gelbe Flecke erscheinen (b). Ab Juli auf der Unter- und Oberseite der Johannistriebblätter fleckiges bis dichtes, weißes Myzel, von dem sich bei Berührung weißer Sporenstaub ablöst; Maiblätter grün bis gelb gefleckt (a); im Spätsommer besonders blattunterseits kugelförmige, gelbe bis schwarzbraune, 0,1–0,2 mm große Fruchtkörper (c, Lupe; Micro s. FAG); bei starker Infektion Einrollen und Vertocknen der Blätter, sowie vorzeitiger Blattfall, wodurch die Johannistriebe im Spätsommer verkahlen.

VM: Virusinfektion (Abb. 188).

B: Besonders stark an neu gebildetem Laub nach Kahlfraß (Abb. 182) sowie an Stockausschlägen.

LIT: 24, 34

Abb. 195: „Rußtau" durch epiphytische Schwärzepilze (*Aureobasidium pullulans*, *Cladosporium herbarum* und weitere Arten)

EM: Im Sommer blattoberseits braunschwarzer, abwischbarer Belag aus dunklen Pilzsporen und Myzelien.
B: Pilzbesiedlung auf dem im Frühjahr von Blatt- und Rindenläusen ausgeschiedenen, glänzendklebrigen „Honigtau"-Belag der Blätter
LIT: 34

Abb. 196: Absterben von Johannistrieben durch Winterfrost

EM: Rinde vorjähriger Johannistriebe im Frühjahr von der Spitze aus abwärts braun verfärbt, mit unscharfem, gelbgrünem Übergang zwischen geschädigtem und ungeschädigtem Bereich. Anfangs ohne Anzeichen einer biotischen Schädigung, im Lauf des Sommers Pilzfruchtkörper als Anzeichen einer sekundären Pilzbesiedlung möglich (Lupe).
VM: Triebsterben durch Eichenrindenbrand (Abb. 197); ähnlich: Frühfrostschaden an Augusttrieben.
B: Bei strengem Frost im Spätwinter und unzureichender Abhärtung aufgrund vorausgegangener zu warmer Witterung.
LIT: 145, 151

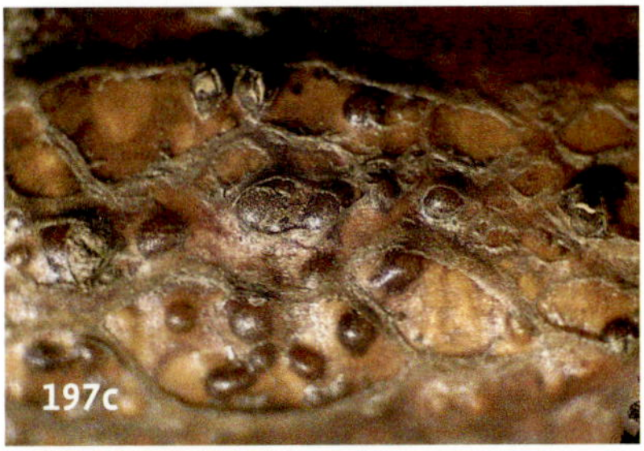

Abb. 197: Rindenbrand und Triebsterben durch den Pilz *Fusicoccum quercus*

EM: In der grünen Rinde junger Triebe gelbbraune, scharfrandige Rindennekrosen mit blasenartigen, später aufreißenden, gelbbraunen Pilzfruchtkörpern (b, c, Lupe). In älterer, durch Borkenbildung verbräunter Rinde sind die Nekrosen nur an den aus der Rinde hervorbrechenden Fruchtkörpern erkennbar; Rinde innen braun (anschneiden). Stammumfassende Nekrosen führen zum Absterben von Trieben und Ästen (a) oder dünnen Stämmen junger Eichen (c).

VM: Frostschaden (Abb. 196).

B: Pilzinfektion nach Prädisposition durch starke Trockenheit auf Sandböden, die sich bei jungen Eichen zunächst nur durch Vergilbung des Laubes äußert (c, im Hintergrund; vgl. Abb. 191). Im Anschluss daran können neben *Fusicoccum quercus* weitere Rindenpilze (*Cryptosporiopsis grisea*, *Phomopsis quercina*) zum Absterben beitragen.

LIT: 33, 34

Abb. 198: Im Holz eingewachsene Rindenschäden durch verschiedene biotische Ursachen, „T-Krankheit“

EM: Im Querschnitt von Ast- oder Stammholz T-förmige Narben von überwallten Wunden durch
- Spechteinhiebe, die ringförmig angeordnet sind und zur Aufnahme von Frühjahrssaft dienten (a, „Spechtringe“);
- Gallmücken-Befall (*Resseliella* sp.), deren orangerote, bis 2 mm lange Larven die Specht-Wunden erweitern (b) und starke Überwallungsreaktionen des Baumes mit beuligen Auftreibungen hervorrufen können (c);
- Prachtkäfer-Befall (*Agrilus biguttatus*, s. auch Abb. 180), deren Larvenfraßgänge im tieferen Bast z.T. überwallt werden und dann ebenfalls T-förmig einwachsende Narben im Holzquerschnitt hinterlassen (d).

VM: Pezicula-Krebs (Abb. 200).

B: Unspezifisches Schadbild, das durch Überwallung und Einwachsen von Wunden oder Nekrosen aller Art an verschiedenen Baumarten entstehen kann.

LIT: 30, 54, 57, 214 Bde. 2, 4

198a

198b

198c

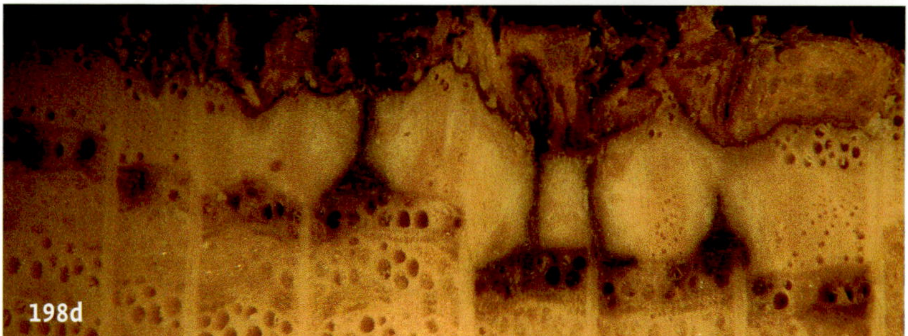
198d

Abb. 199: Rindenkrebs durch Runzligen Schichtpilz (*Stereum rugosum*), „Stereum-Krebs“

EM: Einseitige Auftreibung des Stammes durch rundliche (a, b) oder zungenförmige Krebswunden (c), mit konzentrischen Überwallungswülsten (b, c); in deren Mitte sichtbar (a) oder nicht mehr erkennbar (b, c), ein Aststumpf, über den die Infektion erfolgt ist. Fruchtkörper des Erregers flach, gelbbraun, auf ganzer Wundfläche (a, c) oder, bei älterem Krebs, nur an aktiven Rändern (b, Pfeil); Holz unter der Krebswunde weißfaul.

VM: Ustulina-Fäule (wie Abb. 178).

B: In kühlfeuchten Lagen und dichten Beständen; auch an Buche (Abb. 172) und anderen Laubbaumarten.

LIT: 34, 112, 201

Abb. 200: Krebsähnliche Rindenschäden durch den Pilz *Pezicula cinnamomea*, Zimtscheibe, „Pezicula-Krebs“

EM: Vom Stammfuß aus zungenförmig aufsteigende Rindennekrosen (a), die im oberen, aktiv wachsenden Teil aus inselartigen, später zusammenwachsenden Teilen bestehen (a: Borke abkratzen). Außen auf der infizierten Rinde z.T. schwarze Schleimflussflecke und im oberen Teil der Nekrosezunge zeitweise hell gelbbraune, scheiben- oder kissenförmige Fruchtkörper des Erregers mit bis zu 1 mm Durchmesser (b). Später beulige Auftreibungen, unregelmäßiges Aufreißen und Abblättern der Borke durch Bildung von Wundkallus im Bast (a, unten; c, im Querschnitt).

VM: Stereum-Krebs (Abb. 199).

B: Auf Sandböden nach Trockenheit; besonders an Roteiche, weniger stark an Stiel- und Traubeneiche.

LIT: 34, 35, 127, 128

200a

200b

200c

Abb. 201: Kronen- und Stammschäden durch Blitzschlag

EM: Ein einzelner Kronenast ganz oder teilweise abgestorben; am Stamm streifenförmige Ablösung der Rinde in Form einer von der Krone bis zum Stammfuß reichenden, z.T. unterbrochenen und oft etwas spiralig verlaufenden „Blitzrinne" (a). In deren Mitte eine für Blitzschäden typische, schmale, etwas zerfaserte „Entladungsspur" (a), neben der die Rinde auf beiden Seiten durch Überhitzung abgestorben ist und fehlt (a, b).

VM: Winterfrost-Schaden (Abb. 202).

B: Schmale Blitzrinnen verheilen leichter, breitere bleiben länger offen und werden oft Ausgangspunkt von Holzfäulen, z.B. durch Schwefelporling (b; Abb. 209). An hohen, rauborkigen Bäumen von Eiche, Esche, Ulme, Pappel, Lärche, Douglasie, wobei Nadelbaumarten stärker splittern (Abb. 129).

LIT: 22, 90

Abb. 202: Rindenschäden am Stamm durch Winterfrost, echte „Frostrisse“

EM: Rinde vorwiegend auf der Sonnenseite der Stämme in Form langer, z.T. spiralig verlaufender Streifen abgestorben. Schaden äußerlich zunächst nur an Längsrissen der Borke, später am Ablösen der toten Rindenstreifen erkennbar (a). Erfrorener Rindenstreifen an den Enden spindelförmig verschmälert, an den Rändern mit beginnender Überwallung (b: nach Abtragen der Borke im geschädigten, braunen und ungeschädigten, hell gefärbten Teil); keine Symptome primärer biotischer Ursachen.

VM: Blitzschaden (Abb. 201); südseitiger Prachtkäfer-Befall (Abb. 180), dann Nekrosen nicht spindelförmig.

B: Bei strengem Frost (unter −20 °C) im Spätwinter und verminderter Frosthärte durch milden Vorwinter, Besonnung der Stämme sowie nach Kahlfraß (Abb. 182) im Vorjahr.

LIT: 96, 145, 230

Abb. 203: Rindenschäden durch Befall des Eichensplintkäfers (*Scolytus intricatus*)

EM: Spechtabschläge an Ästen und Zöpfen kränkelnder Eichen weisen auf Vorkommen rindenbrütender Käfer, neben Prachtkäfer-Arten besonders von Eichensplintkäfer, hin. Dessen Brutsysteme aus kurzen quer liegenden Muttergängen und langen, gedrängten Längsgängen der Larven liegen unter der Rinde, deutlich in den Splint eingesenkt (a). An der Basis welkender, vorjähriger Triebe kleine Bohrlöcher und größere Scharten (b) durch Reifungsfraß; dabei Übertragung von Bläuepilzen. Männlicher Käfer (c) mit 2 dünnen Haarpinseln an der Stirn, bis 4 mm lang.

B: An Ästen und Stämmen bis etwa 15 cm Stärke, nach Schwächung durch Trockenheit, Verpflanzung oder Vorschädigung anderer Art.

LIT: 10, 83, 214 Bd. 2

Abb. 204: Schäden im Splintholz durch Eichennutzholzborkenkäfer (Linierter Laubnutzholzborkenkäfer, *Trypodendron signatum*)

EM: Auf befallenen Stämmen weißes Bohrmehl (a), das sich staubfein zerreiben lässt (im Gegensatz zum grobkörnigen Bohrmehl des auch an Eiche vorkommenden Sägehörnigen Werftkäfers, Abb. 169). Brutgänge nur im Splintholz (b); horizontale Eingangsröhre mit 2–5 parallel oder schräg zu den Jahresringen laufenden Muttergängen und kurzen, vertikalen Larvengängen („Leitergänge", Abb. 170 b). Käfer bis 3,8 mm lang, mit breiten, abgestumpften Fühlerkeulen (c).

VM: *T. domesticum* (Abb. 170). Selten, polyphag an Laub- und Nadelholz: *Xylosandrus germanus* (Abb. 142).

B: Bevorzugt an Eiche, an kränkelnden, vorgeschädigten oder frisch gefällten Stämmen. Gangwände geschwärzt durch Ambrosia-Pilze (b).

LIT: 10, 83, 214 Bd. 2

Abb. 205: Schäden im Splint- und Kernholz durch den Gehöckerten Eichenholzbohrer, „Kleiner schwarzer Wurm“ (*Xyleborus monographus*)

EM: Brutgänge in breitringigem Holz tief, in engringigem Holz weniger tief in das Kernholz reichend; vorwiegend horizontal, mit Eingangsröhre und einfachen oder gegabelten, bogenförmigen Muttergängen („spalierbaumartig“); Gänge der 2. Generation z.T. senkrecht; Käfer bis 3,5 mm, Absturz mit 4 größeren und 6 kleineren Höckern.

B: Bevorzugt an Eiche, an kränkelnden, überalterten, vorgeschädigten Bäumen und gefällten Stämmen.

LIT: 83, 214 Bd. 2

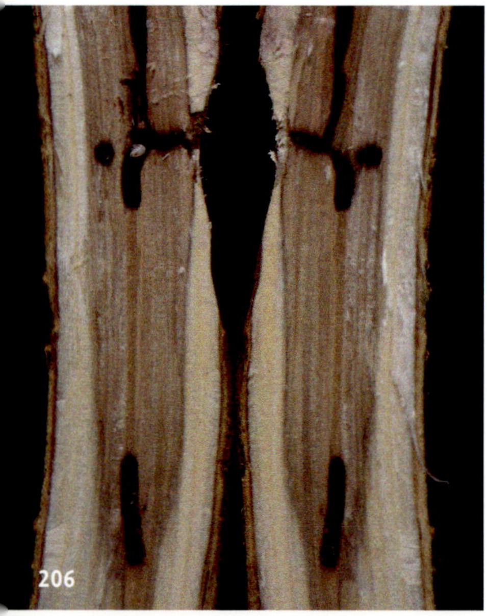

Abb. 206: Schäden durch Ungleichen Holzbohrer (*Xyleborus dispar*)

EM: Brutgänge im Splintholz von Stämmen jeden Alters, besonders auch von jungen Eichen. Von radialer Eingangsröhre ausgehende, den Jahrringen folgende horizontale sowie in Faserrichtung verlaufende vertikale Brutröhren. Käfer sehr ungleich in Größe und Form, Weibchen bis 3,8 mm, mit rundem Halsschild und länglichem Körper, Männchen bis 2,4 mm mit abgerundet dreieckigem Halsschild und rundem Körper.

B: Frisch gepflanzte Heister können bei starkem Befall absterben oder brechen. An Laubbaumarten, z. B. Eiche, Buche, Ahorn, Kirsche u. a..

LIT: 10, 83, 214 Bd. 2

Abb. 207: Endogene Stammrisse mit Wundleisten, falsche „Frostrisse“

EM: Überwallte radiale Längsrisse im Holz des Stammfußes (a) können bei Winterfrost erneut aufreißen. Bei Wiederholung entstehen wulstartige Wundleisten, die meist zu mehreren um den Stammfuß verteilt, ein bis mehrere Meter lang sind (b). Querschnitte zeigen, dass die Risse nicht primär von außen durch Frost entstehen, sondern im Inneren des Stammes von der Markröhre, alten Ringrissen oder Verletzungen ausgehen und bei Frost nur z.T. nach außen durchbrechen.

VM: Echte Frostschäden (Abb. 168, 202) beschränken sich meist auf die Rinde, die flächig abstirbt und aufreißt, ohne dass dabei Risse im Holz entstehen.

B: Als Ursache werden Wurzelschäden, unter anderem auch durch *Phytophthora quercina* vermutet.

LIT: 34, 41, 120

Abb. 208: Absterben der Rinde und Weißfäule des Holzes durch Eichenfeuerschwamm (*Phellinus robustus*)

EM: Am Stamm ovale Bereiche toter, zwischen Überwallungswülsten eingesunkener Rinde, z.T. mit zentralem, frischem Aststumpf, über den die Infektion erfolgt ist (a). Außen auf der Rinde rundliche bis hufförmige, harte, langlebige Fruchtkörper mit graubrauner, oft durch Algenbelag grünlicher Ober- und rostbrauner, sehr feinporiger Unterseite (b), an Ästen oft zu rostbrauner, flacher Schicht reduziert. Darunter helles, faserig zersetztes Splint- und Kernholz (b).

VM: Stereum-Krebs (Abb. 199).

B: Parasit, auch an vitalen Alteichen, sofern Aststümpfe als Eintrittspforten vorkommen. Im faulen Holz meist Spechthöhlen (a oben).

LIT: 6, 113, 115, 137, 140

Abb. 209: Braunfäule des Holzes durch Schwefelporling (*Laetiporus sulphureus*)

EM: An lebenden Alteichen sowie an Totholz und Stubben bis 40 cm breite, flache, weichfleischige Fruchtkörper (a, b), zu mehreren übereinander, einjährig, im Sommer oberseits gelb/orange zoniert, unterseits schwefelgelb (b). Nach dem Absterben im Herbst hell ocker bis weißlich ausbleichend (Abb. 201). Vorwiegend im Kernholz, das sich rotbraun verfärbt (c), längs- und quer reißt, würfelartig bis pulverig zerfällt (Abb.144 b) und von gelblich weißen Myzelmatten durchzogen ist (c, Mitte). Beim Fehlen von Fruchtkörpern genügen diese Myzelmatten als spezifisches Erkennungsmerkmal.

VM: Hartröte (Abb. 210).

B: Eindringen über Totäste (a) oder Wunden (Abb. 201). Intensiver Kernholzzersetzer der Eiche; daneben auch an Kirsche, Robinie, Weide, Pappel, anderen Laubhölzern, seltener an Lärche (Alpen).

LIT: 6, 111, 115, 137, 140, 213

Abb. 210: Verfärbung („Hartröte") und Moderfäule des Kernholzes durch den Leberpilz (*Fistulina hepatica*)

EM: Kernholz alter Eichen braunfleckig (a) oder einheitlich braun, zunächst ohne wesentliche Minderung der Holzfestigkeit. Erst später führt sehr langsamer Holzabbau zu Moderfäule mit einem der Braunfäule ähnlichen, würfeligen Zersetzungsrückstand (b, rechts). Oft am Stammfuß zungenförmige, weichfleischige Fruchtkörper mit hell fleischroter (b, links), später braunroter, feinwarzig-papillöser Oberseite (a, unten) und heller, röhrigporiger Unterseite (b); junge Fruchtkörper mit rötlichem Sekret.

VM: Andere Braunfäulen (Abb. 209).

B: Wundbesiedler an lebenden Alteichen; lebt anfangs von Inhaltsstoffen intakter Zellen (Hartröte) und erst später von Abbauprodukten der Zellwände (Moderfäule).

LIT: 6, 44, 115, 137, 213

Abb. 211: Weißlochfäule im Kernholz der Eichen durch Klapperschwamm (*Grifola frondosa*)

EM: Wabenartige Kernholzfäule im Wurzelstock und Stammfuß alter Eichen. Holz im Querschnitt braunweiß gefleckt (a, typisches Merkmal der Weißlochfäule), außen begrenzt durch eine orangefarbene, später braune, feuchtere Zone (a). Von Herbst bis Frühjahr außen am Stammfuß graubraune bis schwarzbraune Fruchtkörper des Erregers mit schwarzen, radialen Linien (b) und unterseits cremeweißer Porenschicht. Hüte seitlich gestielt, büschelig auf gemeinsamem Strunk.

VM: Riesenporling (Abb. 177); Eichhase (*Polyporus umbellatus*).

B: Fäule im Stamm bis 2,5 m hoch aufsteigend. Im Bestand oft gruppenweise vorkommend; besonders auf feuchten, nährstoffreichen Böden wärmerer Gebiete.

LIT: 26, 137, 140, 213

Abb. 212: Weißlochfäule („Rebhuhnholz“) durch Mosaik-Schichtpilz (*Xylobolus frustulatus*)

EM: Kernholz alter Eichen durchsetzt von spindelförmigen, weißen, mit Zellulose gefüllten, später leeren Kavernen (a, Längsschnitt), die im Querschnitt als helle, braun berandete Flecken erscheinen und ringförmig, den Jahrringen folgend angeordnet sind. Fruchtkörper des verursachenden Pilzes flach, krustenartig, 2–8 mm dick, hell graugelblich bis weißlich, reißt bei Austrocknung in 0,2–1,5 cm große, eckige, mosaikartige Felder auf (b). Vorkommen an länger freiliegendem Eichenkernholz.

VM: Weißlochfäule durch Klapperschwamm (Abb. 211), diese am Stammfuß, Rebhuhnholz oben.

B: An Totholz und alten Wundstellen lebender Alteichen, besonders in warmen Gebieten. Selten wegen Spezialisierung auf Alteichen.

LIT: 6, 34, 112, 115

Abb. 213: Wurzelfäule älterer Eichen durch Wurzelrübling (*Collybia fusipes*)

EM: An Stammfuß und Wurzelanläufen Fruchtkörperbüschel des Erregers (a); Hüte rotbraun bis gelbbraun, rostbraun gefleckt; Stiele unten dunkel, oben heller braun, längs gerillt, mit spindelig verjüngter Basis, zähelastisch. Nekrosen in der Wurzelrinde langsam von außen nach innen fortschreitend, oft nur im äußeren Bast (b: Borke entfernt), bevorzugt auf den Unterseiten der Hauptwurzeln.

VM: Hallimasch (Abb. 215).

B: Parasit und Saprophyt, besonders an Rot- und Stieleiche auf trockenen, sandigen Standorten. Bei starkem Befall Krone verlichtet, mit einzelnen Totästen.

LIT: 26 Bd.3, 140, 152

213a

213b

214

Abb. 214: Stock- und Wurzelfäule durch Brandkrustenpilz (*Ustulina deusta*)

EM: Charakteristische, schwarze Krusten im zersetzten Holz, die im Querschnitt als schwarze Linien erscheinen (s. auch Abb. 178 c).

B: Schwach parasitischer Wundbesiedler, der im Holz des Wurzelstockes mit Zelluloseabbau verbundene Moderfäule verursacht. Befall vorgeschädigter Eichen führt zum Abfaulen der Hauptwurzeln und in der Folge zu Windwurf.

LIT: 34, 115, 213

Abb. 215: Wurzelfäule durch gelbschuppigen Hallimasch (*Armillaria gallica*)

EM: Schleimfluss am Stammfuß in Bodennähe (a); unter der Rinde weißes, fächerartiges Myzel (Abb. 180 h, Borke entfernt). Krone verlichtet, vom Wipfel aus zurücksterbend, Absterben des ganzen Baumes. An toten Bäumen und Stubben im Herbst büschelige Fruchtkörper des Erregers. Hut rötlich- bis gelbbraun, in der Mitte dunkler, mit mittelgroßen Schuppen; Stiel mit oben weißem, unterseits gelbem Ring und zylindrischer bis knolliger Basis (b).
VM: *Collybia fusipes* (Abb. 213).
B: Häufiger Saprophyt oder Sekundärparasit an Eichen in der Spätphase des „Eichensterbens" (Abb. 180). Seltener auch Befall durch die primärparasitischen Arten *Armillaria ostoyae* auf sauren oder *A. mellea* auf basenreicheren Standorten.
LIT: 169, 227

Ahorn (*Acer*)

Vergilbung der Blätter durch
- Mangan-Mangel: Abb. 216
- Virus-Infektion: Abb. 217

Weiße Überzüge, Flecke, Sprenkel auf Blättern durch
- Echten Mehltau (*Sawadaea tulasnei*): Abb. 218
- Zwergzikaden: Abb. 150
- Gallmilben (*Aceria eriobia* var. *pseudoplatani*): Abb. 219
- den Pilz *Cristulariella depraedans*: Abb. 220

Blattflecke, Adern- und Randnekrosen durch
- die Pilze *Pleuroceras pseudoplatani* (große, ovale, braune Flecke) und *Diplodina acerina* (kleine, runde, helle Flecke): Abb. 221
- den Pilz *Rhytisma acerinum* (schwarze Flecke mit gelbem Rand): Abb. 222
- Schwefeldioxid (braune Flecke und Randnekrosen): Abb. 223
- Auftau- und Seesalz (braune Randnekrosen): Abb. 224
- Trockenheit und Hitze (braune, eingerollte Randnekrosen): Abb. 225

Triebsterben, Blattwelken durch
- Rotpustelpilz (*Nectria cinnabarina*): Abb. 226
- Verticillium-Welke: Abb. 227

Rindenschäden am Stamm durch
- Großflächige Rindennekrose (*Neonectria coccinea*): Abb. 228
- Zimtscheibe (*Pezicula cinnamomea*), kleinflächige, verheilte Nekrosen: Abb. 229
- Winterfrost: Abb. 168, 202

Wurzelhalsfäule durch
- Phytophthora-Arten: Abb. 230

Abb. 216: Vergilbung der Blätter durch Mangan-Mangel, „Kalkchlorose“

EM: Blattspreite weißgelb mit Ausnahme der Adern; zuerst an mittelalten Blättern. Chemische Blattanalyse: Symptome bei Mangan-Gehalten unter etwa 40 mg/kg Trockenmasse.

VM: Eisen-Mangel: zuerst an jüngsten Blättern; Magnesium-Mangel: an ältesten Blättern (Abb. 147, 184).

B: Auf kalkreichen und anmoorigen Standorten wegen schlechter Verfügbarkeit des Mangans in basen- bzw. humusreichen Böden.

LIT: 14, 131, 138, 235

Abb. 217: Chlorotische Verfärbungsmuster durch Virus-Infektion an Bergahorn

EM: Gelbgrüne Scheckung (a) oder Ringfleckung und Linienmuster (b).
VM: Mangan-Mangel (Abb. 216).
B: Erreger nicht endgültig identifiziert; vorläufige Bezeichnung: „Ahornmosaikvirus“.
LIT: 48, 195

Abb. 218: Weißer Blattüberzug durch Mehltaupilz des Spitzahorns (*Sawadaea tulasnei*) und Sprenkelung durch Zwergzikaden-Befall (*Edwardsiana* sp.)

EM: – *Mehltau*: blattoberseits große, rundliche, weiße Myzelflecke mit konzentrischen Ringen (Lupe), im Frühjahr mit mehlartigem Konidienstaub, im Spätsommer mit gelben, dann braunen bis schwarzen, kugeligen, etwa 0,15 mm großen Fruchtkörpern (Lupe; Abb. 194; s. auch FAG).
– *Zwergzikaden*: feine gelbweiße Sprenkel auf der Blattoberseite.
VM: Mehltau an Feld- und Bergahorn (*Sawadaea bicornis*, Abb. s. FAG); Weißfleckigkeit (Abb. 220).
B: Mehltau-Arten sind wirtsspezifische, obligate Parasiten.
LIT: 4, 24, 34, 244

Abb. 219: Heller streifenartiger Überzug auf Blattadern durch Gallmilben (*Aceria eriobia* var. *pseudoplatani*)

EM: Auf den Blattadern und etwas darüber hinaus reichende, zunächst weißliche, später vorübergehend rötliche, schließlich braune Gallen in Form streifenartiger Filzrasen; Gallmilben (Lupe).

VM: Weißfleckigkeit durch Pilzinfektion (Abb. 220); Adernnekrose (Abb. 221).

B: Daneben kommen entsprechende Filzrasen-Gallen auch blattunterseits in den Interkostalfeldern vor, mit Vergilbung und Aufwölbung der gegenüberliegenden Stelle der Blattoberseite; keine wesentliche Schädigung befallener Bäume; weitere Gallen an Ahorn s. FAG.

LIT: 30, 167

Abb. 220: Weißfleckigkeit durch Pilzinfektion (*Cristulariella depraedans*)

EM: Oft auf ganzer Blattspreite runde, in der Mitte grauweiße Flecke mit hellbraunem Saum. Unterseits einzelne sehr kleine, lang gestielte, weiße Sporenköpfchen (Lupe; Abb. s. FAG); Blätter z.T. durchlöchert durch das Ausbrechen des nekrotischen Gewebes im Zentrum der Flecke.

VM: Blattfleckung durch Mehltau- (Abb. 218) oder Gallmücken-Befall (*Dasineura vitrina*, Abb. s. FAG).

B: Besonders unter luftfeuchten Bedingungen, an tiefsitzenden Ästen unterständiger Bäume. In niederschlagsreichen Jahren kann der Befall starken bis vollständigen vorzeitigen Blattverlust verursachen.

LIT: 34, 66, 244

Abb. 221: Blattflecke und Adernnekrose durch Pilzinfektion an Bergahorn

EM: – *Pleuroceras pseudoplatani*: große längliche, graubraune Flecke, anfangs mit faserig aufgelöstem Rand (a), den Adern folgend, die besonders blattunterseits schwarzbraun sind (a, unten); ältere Flecken rundlich, mit glattem, dunklerem Rand (b: „Blattbräune");
– *Diplodina acerina*: kleine, runde, hell graubraune Flecke, von abgestorbenen Gallen ausgehend (a).

VM: Kleine runde Flecke durch Mehltau (Abb. 218), *Kabatiella apocrypta* (von Gallen ausgehend).

B: Blattbräune-Neuinfektion im Frühjahr von abgefallenem, im Vorjahr infiziertem Laub ausgehend; bei starkem Befall vorzeitiger Blattfall.

LIT: 34, 66, 178, 244

Abb. 222: Teerfleckenkrankheit durch Pilzinfektion (*Rhytisma acerinum*)

EM: Blattoberseits im Frühstadium zunächst gelbe, dann zunehmend schwarz punktierte (oben) bis vollständig schwarze, glänzende, stromatische Flecke (unten); im folgenden Frühjahr am abgefallenen Laub spaltenförmig aufreißende Fruchtkörper (Abb. s. FAG), von denen die Neuinfektion ausgeht.

VM: Vgl. Frühstadium mit anderen Pilzinfektionen (Abb. 218, 220, 221); Schwärzepilze (Abb. 195).

B: Kein vorzeitiger Laubfall, daher keine wesentliche Schwächung befallener Bäume. Angenommene SO_2-Empfindlichkeit des Pilzes und damit seine Weiserfunktion für Luftverschmutzung nicht bestätigt.

LIT: 34, 148, 244

Abb. 223: Akute Schäden durch Schwefeldioxid-Immission an Spitzahorn

EM: Vorwiegend in der Mitte der Blattspreite beginnende, klein- bis großfleckige Nekrosen sowie an den spitzgezähnten Blatträndern Randnekrosen, die bei ganzrandigen Blättern untypisch für SO_2-Schäden sind; Rötung und Aufwölbung der Interkostalfelder. Chemische Analyse: sichere Grenzwerte für das Auftreten akuter Symptome nicht bekannt; chronische Schäden (Chlorose, Wuchshemmung) bei Schwefelgehalten der Blätter von 0,8 bis 0,15 % der Trockenmasse möglich.

VM: Blattrandnekrosen durch Salz (Abb. 224), Trockenheit (Abb. 225).

B: Im Lee von Nahemittenten.

LIT: 14, 50, 236

Abb. 224: Schädigung durch Auftau- oder Seesalz

EM: Blattränder gelb- bis rotbraun (hier an Spitzahorn), gerollt, vertrocknet (Abb. 225); vorzeitiger Laubfall, z.T. Austrieb kleiner gelber Ersatzblätter (Abb. 157). Chemische Analyse: Symptome bei Chlorid-Gehalten ab 1,0 % der TM.

VM: Trockenheit (Abb. 225); Immissionen (Abb. 223), nur unterscheidbar durch Blattanalysen und die Umstände des Auftretens.

B: In Straßen- und Küstennähe an luvseitigen Bestandesrändern (vgl. Abb. 157 a). Erhöhte Empfindlichkeit für Triebsterben durch Frost und Pilzinfektion (Abb. 226).

LIT: 14, 58, 68, 145, 147

Abb. 225: Schädigung durch Trockenheit und Hitze

EM: Blattränder hell bräunlich verfärbt durch Randnekrosen, eingerollt; Blätter vorzeitig abfallend; Symptome zuerst im Wipfel und auf der Sonnenseite der Krone. Unterscheidung von Schäden durch Auftausalz nur durch chemische Analyse und Umstände des Auftretens.

VM: Rand- und Interkostalnekrosen der Blätter durch Auftausalz (Abb. 224); Immissionen (Abb. 223); Kalium-Mangel (wie Abb. 148).

B: Bei Hitze und Trockenheit, meist an Bestandesrändern, in jungen Pflanzungen auf Freiflächen sowie in Schutzhecken an Straßen, dort z.T. in Verbindung mit Salzbelastung. Bergahorn ist besonders trockenheitsempfindlich.

LIT: 145, 151, 220

Abb. 226: Triebsterben durch Infektion des Rotpustelpilzes (*Nectria cinnabarina*)

EM: Absterben einzelner Zweige, Äste, oder junger Stämmchen durch Rindennekrosen (a). Auf der toten Rinde zunächst blass hellrötliche ungeschlechtliche Sporenlager (b, links), später tiefrote geschlechtliche Fruchtkörper (b rechts).

VM: Rindenkrebs durch *Pezicula cinnamomea* (Abb. 200 b).

B: Schwächeparasit, meist nach Prädisposition durch Trockenheit.

LIT: 34, 220, weitere Abb. s. FAG

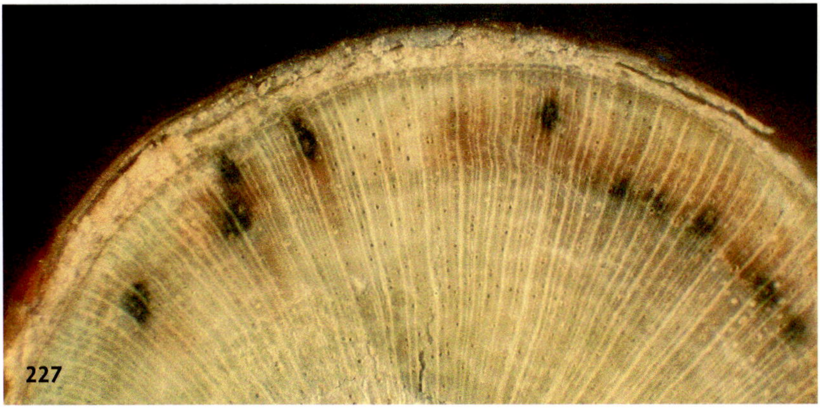

Abb. 227: Welke und Absterbeerscheinungen durch Pilzinfektion (*Verticillium* spp.)

EM: Welken der Blätter, Krone schütter, kleinblättrig, Triebsterben; Splintholzgefäße verfärbt, im Querschnitt als braune Flecke sichtbar. Sicherer Nachweis nur durch Isolierung des Erregers im Labor.

VM: Nectria-Triebsterben (Abb. 226).

B: Erkrankung der Leitungsbahnen (Tracheomykose); meist außerhalb des Waldes; Infektion über Feinwurzeln, Wurzelwunden, besonders bei Trockenstress, an Straßen auch bei Salzbelastung.

LIT: 34, 220; weitere Abb. s. FAG

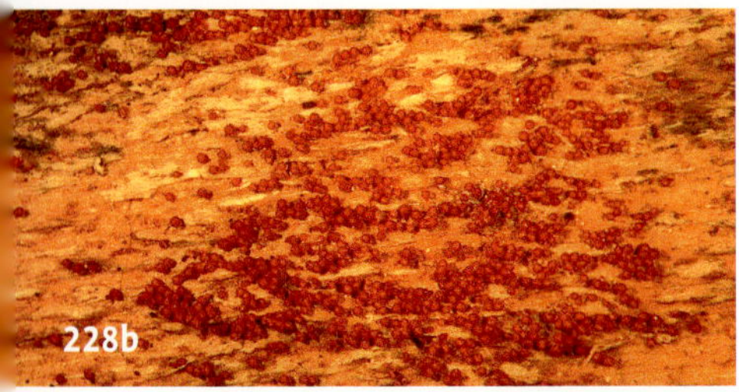

Abb. 228: Großflächige Rindennekrose an Bergahorn durch Pilzinfektion (*Neonectria coccinea*)

EM: Am Stamm in verschiedenen Höhen einseitiges oder stammumfassendes Absterben der Rinde, die aufreißt und in langen Streifen abfällt (a). Aus der geschädigten Rinde brechen etwa 0,3 mm große, rote, eiförmige Fruchtkörper des Erregers (Abb.162 d) in so großer Zahl hervor, dass die Rindenoberfläche bei feuchter Witterung flächenhaft rötlich erscheint (a). Nach dem Ablösen der Rinde können die Fruchtkörper auch auf dem freiliegenden Holz erscheinen (b). Stammumfassender Befall führt zum Abterben der Kronen. Kleinere, oft schmal spindelförmige Nekrosen können zwar an den Rändern Überwallungswülste bilden, aber bei Besiedlung durch Holzfäulepilze auch zu Stammbruch führen. Weißes Bohrmehl auf der Rinde zeigt Sekundärbefall durch Laubnutzholzborkenkäfer an (Abb. 170).

VM: Rindennekrosen am Stamm oder Wurzelhals durch *Phytophthora citricola* oder andere *Phytophthora*-Arten (Abb. 163, 230).

B: Auftreten der Krankheit besonders in jüngeren, dichten Beständen, im Windschatten benachbarter Nadelholzbestände (a), in niederschlagsreichen Jahren und Gebieten, in Mittelgebirgshochlagen, oft gleichzeitig mit Buchenrindennekrose (Abb. 162). Ahorn-Arten sind besonders anfällig für *Nectria*- bzw. *Neonectria*-Infektion.

LIT: 27, 72

Abb. 229: Rindennekrosen, Holzfehler durch Zimtscheibe (*Pezicula cinnamomea*)

EM: Am Stamm bis 20 cm lange, 3 cm breite, T-förmig eingewachsene Narben verheilter Rindennekrosen.
VM: An frischen Nekrosen Austritt von Schleimfluss (wie Abb. 200).
B: An Bergahorn auf flachgründigen Kalkstandorten nach Trockenstress.
LIT: 34, 35, 127, 128 (an Roteiche)

Abb. 230: Wurzelhalsfäule und Rindennekrose durch *Phytophthora*-Arten

EM: Am Stammfuß älterer Bäume in Bodennähe schwarze Schleimflussflecke und darunter im Bast (Borke abtragen) zungenförmige, dunkel- bis hellbraune Nekrosen (a), die aus dem oberen Wurzelbereich aufsteigen und sich stammaufwärts ausdehnen; daneben ältere nicht mehr aktive, von den Rändern aus überwallende Nekrosen (b). Jüngere Bäume durch Wurzelhalsnekrosen gelb bis braun belaubt, schnell absterbend (vgl. Abb. 179).
VM: An alten Bäumen (b) Rückeverletzungen, an jungen Mäusefraß am Stammfuß (Abb. 164).
B: Auf basenreichen, zeitweise nassen Standorten, auch Ackeraufforstungen, meist durch *Phytophthora citricola* oder *P. cambivora.* Ahorn ist weniger anfällig als Buche.
LIT: 100, 120

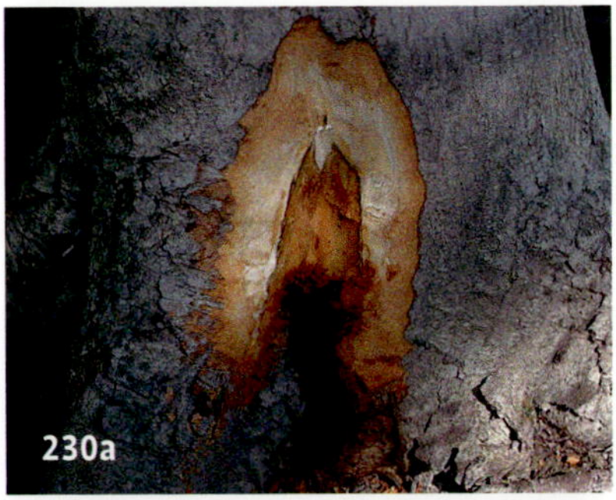

Esche (*Fraxinus excelsior*)

Kronenverlichtung durch
- starkes Fruchten: Abb. 231

Vergilbung der Blätter durch
- Kirschenblattrollvirus: Abb. 232

Braune Blattflecken und Randnekrosen der Blätter durch
- Trockenheit, Hitze: Abb. 233
- Pilzinfektion (*Phoma macrostoma*): Abb. 234

Triebsterben und Rindenbrand durch
- Pilze (*Diplodia, Phomopsis*): Abb. 235

Rindenkrebs durch
- Pilz-Infektion (*Neonectria ditissima*) oder durch
- Bakterien-Infektion (*Pseudomonas syringae*): Abb. 236

Schäden durch rinden- und holzbrütende Borkenkäfer
- Großer Eschenbastkäfer (*Hylesinus crenatus*): Abb. 237
- Bunter Eschenbastkäfer (*Leperesinus varius*): Abb. 238
- Laubnutzholzborkenkäfer (*Trypodendron* spp.), weißes Bohrmehl auswerfend: Abb. 170

Holzfäulen im Stamm durch
- Zottigen Schillerporling (*Inonotus hispidus*): Abb.239
- Schuppigen Porling (*Polyporus squamosus*): Abb. FAG

231

Abb. 231: Kronenverlichtung weiblich blühender Eschen durch starkes Fruchten

EM: Überwiegend weiblich blühende Eschen nach mehrjährigem Fruchten in der Kronenperipherie statt des Laubes mit kahlen, pinselartig gehäuften Fruchtstielen (Fernglas). Männliche Bäume normal belaubt.

VM: Vitalitätsabnahme durch Alterung, Umwelteinflüsse.

B: Nach sonnenreichen Sommern.

LIT: 188

Abb. 232: Verfärbung und Deformation der Blätter durch Kirschenblattrollvirus

EM: Chlorotische Scheckung (a), z.T. Ringfleckung sowie Deformation der Blätter bis zu Fadenblättrigkeit, an den jüngsten Trieben (b).

VM: Nährstoffmangel, Deformation durch Herbizid (Abb. 190).

B: Vermutlich samenübertragbar.

LIT: 48, 166, 195

Abb. 233: Verfärbung und Deformation der Blätter durch Trockenheit und Hitze

EM: Ränder der Fiederblätter hellbraun bis rotbraun verfärbt, im fortgeschrittenen Stadium eingerollt; Blätter vorzeitig abfallend; ohne Anzeichen für primäre, biotische Schadursachen.

VM: Blattflecken oder Randnekrosen durch Pilzinfektion (Abb. 234), Kalium-Mangel, Auftausalz oder Immissionen.

B: An Randbäumen bei anhaltender Hitze und Trockenheit, besonders im Frühsommer.

LIT: 145, 151

Abb. 234: Blattflecken, Welke- und Absterbeerscheinungen an Blättern durch Pilzinfektion (*Phoma macrostoma*)

EM: Rundliche, eckige oder schmale, lange, den Blattadern folgende, scharfrandige Nekrosen. Bei Befall der Adern von Blattfiedern entstehen an diesen Spitzen- und Randnekrosen; bei Befall der Blattspindel Bräunung und Einrollen der Fieder an der Spitze des Blattes. In der Mitte größerer, älterer Nekrosen, meist blattoberseits, sehr kleine, schwarze Pyknidien des Erregers (Lupe, Mikro); s. auch FAG.

VM: Trockenheitsschaden (Abb. 233); andere Blattpilze, z. B. *Phyllosticta variegata*.

B: Stark befallene Blätter vertrocknen bei Hitze vollständig.

LIT: 19, 66

Abb. 235: Triebsterben und Rindenbrand durch Infektionen verschiedener Pilze (*Diplodia mutila*, *Phomopsis scobina*)

EM: An Trieben und Stämmen junger Eschen gelbgraue Rindennekrosen, die dünne Triebe ganz umfassen und oberhalb der Infektionsstelle abtöten (links). An dünnen Stämmen, ausgehend von toten Seitenzweigen, einseitige, spindelförmige Nekrosen (Mitte und rechts); in infizierter Rinde zahlreiche, sehr kleine, schwarze Fruchtkörper der Erreger (Lupe, Mikro).

VM: Eschenkrebs (Abb. 236).

B: Vorkommen unter kühlfeuchten Bedingungen in Fluss- und Moorniederungen. Als Befallsvoraussetzung wird eine Vorschädigung der Eschen durch Frost diskutiert.

LIT: 9, 47, 66, 184

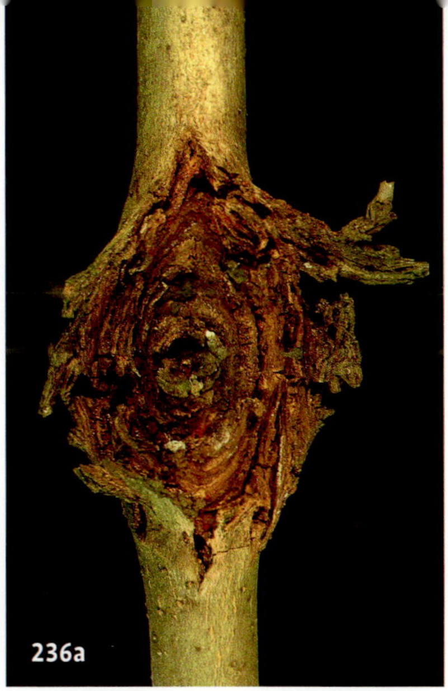

Abb. 236: Krebswunden durch Pilz- oder Bakterieninfektion, „Eschenkrebs"

EM: – Pilzinfektion (*Neonectria ditissima*): Von Aststümpfen ausgehende, mehrjährige Rindennekrosen, die durch jährliche, konzentrische Überwallungswülste zeitweise begrenzt sind, aber nicht endgültig ausheilen. Am Rand junger Krebswunden Gruppen roter, eiförmiger, etwa 0,3 mm großer Fruchtkörper (Lupe; Abb. 162 d); ältere Krebswunden an Stämmen kraterartig eingesunken (b).
– Bakterieninfektion (*Pseudomonas syringae*): unregelmäßig rissige, stark aufgewölbte, gekröseartige Wucherungen (c).

VM: „Eschengrind" durch Fraß von *Leperesinus varius* (Abb. 238).

B: Besonders in feuchten Lagen; Krankheitsverlauf langjährig.

LIT: 34, 116, 220, 233

Abb. 237: Befall der Rinde durch Großen Schwarzen Eschenbastkäfer (*Hylesinus crenatus*)

EM: Im Bast dickborkiger Stamm- und Kronenteile bis 8 cm lange Quergänge aus zwei ungleich langen Armen, mit zunächst längs, dann quer gerichteten Larvengängen, die sich kontinuierlich verbreitern (a); Käfer 4–6 mm lang, länglich oval, vorne schwarz, mit nach hinten zunehmend rotbraunen, tief gekerbten Flügeldecken sowie heller rotbraunen Fühlerkeulen und Beinen (b).

VM: Bunter Eschenbastkäfer (Abb. 238).

B: Bevorzugt an stehenden Alteschen und frisch gefällten, dickborkigen Stämmen; seltener auch an jüngeren Eschen sowie an Eiche.

LIT: 10, 83, 214 Bd. 2

Abb. 238: Befall der Rinde durch Bunten Eschenbastkäfer (*Leperesinus varius*)

EM: Im Bast von Zweigen und Ästen bis 10 cm lange, doppelarmige Quergänge („Klammergänge“) mit kurzen, längs gerichteten, dicht stehenden Larvengängen (a); in dünnen Ästen Klammergänge schräg. An grünen Ästen durch Reifungsfraß kurze Gänge, die zu krebsähnlichen Wucherungen („Eschengrind“) führen; Käfer (b) 2,5 – 3,5 mm, vorne schwarz, nach hinten rotbraun, mit Höckern und variablem, hellen Schuppenbesatz.

VM: Großer Eschenbastkäfer (Abb. 237); Bakterienkrebs (Abb. 236 c).

B: An geschwächten Bäumen jeden Alters Kronenbefall vom Wipfel abwärts, der zum Absterben führt.

LIT: 10, 83, 214 Bd. 2

Abb. 239: Weißfäule des Holzes durch Zottigen Schillerporling (*Inonotus hispidus*)

EM: Am oberen Stamm oder an starken Ästen ab Juli konsolenförmige, bis 35 cm breite und 2 cm dicke, einjährige Pilzfruchtkörper, oberseits filzig bis zottig, anfangs rötlich gelb, später rotbraun und nach dem Absterben im Spätherbst schwarzbraun; unterseits gelb, an Druckstellen braun, anfangs Wassertropfen ausscheidend.

B: Wundparasit, bevorzugt an Esche, sowie an Malus- und Sorbus-Arten; in naturnahen Laubmischwäldern warmer Gebiete und besonders an Solitären außerhalb des Waldes.

LIT: 111, 115, 137, 140

Ulme *(Ulmus)*

Kronenverlichtung, Welken, Vergilbung, Braunfärbung der Blätter und Absterbeerscheinungen durch
- Pilzinfektion (*Ophiostoma novo-ulmi*): Abb. 240 a, b

Befall durch rindenbrütende Käfer
- Kleiner Ulmensplintkäfer (*Scolytus multistriatus*): Abb. 240 c, d, e
- Großer Ulmensplintkäfer (*Scolytus scolytus*): Abb. 240 c, f, g

240a

Abb. 240: Welken und Verfärbung der Blätter, Absterben von Trieben, Kronenteilen, und ganzen Bäumen durch Pilzinfektion (*Ophiostoma novo-ulmi*), „Ulmensterben", „Holländische Ulmenkrankheit"

EM: Im Frühjahr und Frühsommer zunächst Welken und schlaffes Herabhängen grüner Blätter und junger noch nicht verholzter Triebspitzen, später Gelb- und Braunfärbung, sodass in befallenen Kronen in typischer Weise grünes, gelbes und braunes Laub nebeneinander vorkommt (a). Im Splintholz geschädigter Zweige, Äste und Stämme erscheinen durch die Infektion verfärbte Leitungsbahnen (Frühholz-Tracheen), die im Querschnitt einen bräunlichen Ring im äußeren Jahrring bilden (b, folgende Seite) und außen auf dem entrindeten Holzkörper als blaugraue Längsstreifen sichtbar sind.

VM: Triebsterben durch Rotpustelpilz (wie Abb. 226 an Ahorn).

B: Toxine des Erregers führen zum Welken, Verschluss der Wasserleitungsbahnen (Tracheomykose) und zum Absterben. Infektion vorwiegend über Wunden in Zweigachseln (c), die im Frühjahr durch Reifungsfraß verschiedener, die Sporen des Erregers übertragender Käfer-Arten entstehen.

Wichtigste Überträger sind:

- Kleiner Ulmensplintkäfer (*Scolytus multistriatus*): Länge 2,2–3,3 mm, mit großem Abdominalzapfen am schräg aufsteigenden Hinterleib (d, Pfeil, Lupe); Brutbild oval, mit bis 6 cm langem Längsgang und eng stehenden Larvengängen (e); in dünnborkiger Rinde von Ästen.

– Großer Ulmensplintkäfer (*Scolytus scolytus*): Länge 3–6 mm, rotbraune bis schwarze Farbvarianten, mit 2 kleinen, übereinander am schräg aufsteigenden Hinterleib stehenden Höckerchen (g, Pfeil, Lupe); Brutbild fast rund, mit kurzem, bis 3 cm langem Längsgang und locker stehenden, zunächst quer, dann längs verlaufenden Larvengängen (f); in dick- und dünnborkiger Rinde von Stamm und Krone; beide Arten befallen leicht geschwächte Bäume. Feld- und Bergulme sind anfälliger als Flatterulme; Anfälligkeitsunterschiede auch innerhalb der Arten.

LIT: 34, 93, 189, 220

Vogelkirsche (*Prunus avium*)

Verlichtung und Zurücksterben der Krone durch
- Bakterienbrand: Abb. 241

Vergilbung und Deformation der Blätter, Triebstauchung durch
- Virus-Infektion: Abb. 242

Blattflecke, früher Laubfall durch
- „Schrotschusskrankheit" (*Wilsonomyces carpophilus*, Syn.: *Stigmina carpophila*): Abb. 243
- Sprühfleckenkrankheit (*Phloeosporella padi*): Abb. 244

Rindenbrütende Borkenkäfer
- Kirschbaumborkenkäfer (*Polygraphus grandiclava*): Abb. 245

Holzfäule (Braunfäule) durch
- Schwefelporling (*Laetiporus sulphureus*): Abb. 246

241a

241b

241c

Abb. 241 (S. 210)**:** Verlichtung und Zurücksterben der Krone durch Bakterien-Infektion (*Pseudomonas syringae* pv. *mors prunorum*), „Bakterienbrand“

EM: Im Frühjahr an jungen Blättern graugrüne, durchwässerte, später braune Flecke mit breitem gelbem Saum, die ausbrechen und zahlreiche Löcher in der Blattspreite hinterlassen; dadurch vorzeitiger Laubfall und Kronenverlichtung (a). Durch Infektion von Kurztrieben entstehen braune Rindennekrosen (anschneiden), die auf Zweige und Äste übergreifen (b) und zum Austritt von Wundgummi führen (c). An derart vorgeschädigten Ästen trägt sekundäre Besiedelung durch schwach parasitische Pilze, z. B. *Foveostroma drupacearum* und Borkenkäfer (Abb. 245) zum Absterben der Krone bei (a).

VM: Blattflecken durch Virus- oder Pilzinfektion (Abb. 242 c, 243); Monilia-Spitzendürre (Abb. FAG); „Valsa-Krankheit“ (*Cytospora persoonii*).

B: An beschatteten Kronen im Inneren zu dichter Bestände, besonders unter kühlfeuchten Bedingungen im Frühjahr sowie nach Spätfrost.

LIT: 80, 133, 143, 167, 220, 223

Abb. 242: Verfärbung und Deformation der Blätter, Stauchung und Absterben von Trieben durch Virus-Infektionen

EM: – *Kirschenblattroll-Virus*: gelbliche Aufhellung der Blattfarbe, buckelartig aufgewölbte Interkostalfelder („Raublättrigkeit“), Einrollen der Blattränder, Triebstauchung, büschelige Häufung der Blätter (a; rechts gesund).
– *Pflaumenbandmosaik-Virus*: gelbe bis cremefarbene Flecke, Bänder, Ringe oder Eichenblattmuster auf den Blättern (b).
– *Nekrotisches Ringflecken-Virus:* auf jungen Blättern braune, später aus der Blattspreite herausbrechende Blattflecken, dazwischen hell gelbgrüne Bandzeichnung, Absterben junger Triebspitzen (c).

VM: Pilzinfektionen (Abb. 243, 244).

B: Virusübertragung durch Samen, Pollen oder mechanische Verletzung; auch an Buche und Birke (Abb. 149, 263)

LIT: 48, 164, 165, 195

Abb. 243: Nekrotische Fleckung und Durchlöcherung der Blätter durch Pilzinfektion (*Wilsonomyces carpophilus*, Syn.: *Stigmina carpophila*), „Schrotschusskrankheit“

EM: Braune, dunkler berandete, rundliche Blattflecke, die ausbrechen und Löcher hinterlassen; blattunterseits dunkle, punktartige Sporenlager (Lupe); durch vorzeitigen Blattfall von unten nach oben fortschreitendes Verkahlen der Krone.
VM: Virus-Infektion (Abb. 242); Hagel.
B: Besonders nach feuchtem Frühjahr.
LIT: 34, 66, 133, 167

Abb. 244: Fleckung und Verfärbung der Blätter durch Pilzinfektion (*Blumeriella jaapii*, Nebenfruchtform: *Phloeosporella padi*), „Sprühfleckenkrankheit“

EM: Zahlreiche kleine, violette bis braune, unscharfe, z.T. zusammenfließende Blattflecke; blattunterseits Sporenlager mit langen, sichelförmigen und kurzen, stabförmigen Konidien (Mikro); Vergilbung und vorzeitiges Abfallen der Blätter.
VM: Schrotschusskrankheit (Abb. 243).
B: In kühlfeuchten Sommern.
LIT: 34, 66, 133

Abb. 245: Befall durch Kirschbaumborkenkäfer (*Polygraphus grandiclava*)

EM: An Ästen aller Stärken gut sichtbare Bohrlöcher; tief im inneren Bast dichtes, unregelmäßiges Gewirr langer Larvengänge, die von ein- bis zweiarmigen oder sternförmigen, 3–4strahligen Muttergängen mit dicht stehenden Ei-Nischen ausgehen (a); Puppenwiegen im Splint. Käfer 2,5–3,3 mm lang, schwarzbraun mit gelblichen Fühlern und Tarsen (b).

VM: Vgl. *Polygraphus polygraphus* an Fichte (Abb. 36).

B: Stark sekundär in Kronen absterbender Bäume, z. B. nach Vorschädigung durch Bakterienbrand (Abb. 241). Vorwiegend an Vogelkirsche, daneben seltener an Fichte und Zirbe.

LIT: 83, 214 Bd. 2,

Abb. 246: Braunfäule des Stammholzes durch Schwefelporling (*Laetiporus sulphureus*)

EM: Ab Frühsommer flach konsolenförmige Fruchtkörper zu mehreren übereinander am Stamm lebender Bäume. Die weichfleischigen, zunächst orangegelben Hüte sind einjährig, verblassen später zunehmend zu gelblichem Weiß und fallen im Lauf des Winters ab. Zersetztes Holz bricht würfelig und ist von gelblichen Myzellappen durchsetzt (Abb. 209 an Eiche).

B: Der Pilz dringt über Wunden und Aststümpfe ein, besonders an älteren, über 80jährigen Vogelkirschen; wichtigster Holzfäuleerreger dieser Baumart.

LIT: 111, 115, 137, 140

245a

245b

246

Linde *(Tilia)*

Verfärbung und vorzeitiger Blattfall durch
- Trockenheit und Hitze: Abb. 247
- Kleine Lindenblattwespe (*Caliroa annulipes*): Abb. 248
- Spinnmilben-Befall (*Eotetranychus tiliarum*): Abb. 249

Filzgallen auf Blättern durch
- Gallmilben (*Phytoptus* sp.): Abb. 250

Blattflecken und -randnekrosen durch
- HCl- und SO_2-Immissionen: Abb. 251
- Infektion durch die Pilze
  Cercospora microsora: Abb. 252
  Apiognomonia tiliae: Abb. 253
  Didymosphaeria petrakiana: Abb. 254

Wurzel- und Stockfäule durch
- Brandkrustenpilz (*Ustulina deusta*): Abb. 178

Abb. 247: Vorzeitige Vergilbung eines Teils der Blätter durch Trockenheit und Hitze

EM: Blätter besonders im Inneren der Krone (Schattenblätter) zunächst gleichmäßig gelb, später braun, eingerollt und vorzeitig abfallend.

VM: Vertrocknen durch Larvenfraß der Lindenblattwespe (Abb. 248).

B: Auf sonnenexponierten Standorten.

LIT: 34, 214 Bd. 4, 215

Abb. 248: Blattverbräunung durch den Larvenfraß der Kleinen Lindenblattwespe (*Caliroa annulipes*)

EM: Blätter bräunlich durchscheinend durch Schabe- und Fensterfraß (a) der von hellem Schleim umgebenen Larven auf der Blattunterseite (b, Lupe); an den befressenen Stellen der Blätter fehlt das Blattgewebe bis auf die pergamentartig durchscheinende obere Epidermis (a). Einrollen, Vertrocknen und vorzeitiges Abfallen der befressenen Blätter, besonders in der inneren und unteren Krone.

VM: Trockenheit (Abb. 225).

B: Vorwiegend an freistehenden Bäumen; auch an Eiche.

LIT: 214 Bd. 4

Abb. 249: Blattbräunung durch Spinnmilben-Befall (*Eotetranychus tiliarum*)

EM: Blätter schmutzig hellbraun durch zahlreiche, sehr feine, zunächst weißliche, später verbräunende Sprenkel; blattunterseits 0,3–0,4 mm große Spinnmilben (Lupe), die vorwiegend entlang der Blattadern unter dünnem Gespinst saugen; dadurch vorzeitiger Laubfall.

VM: Befall durch Kleine Lindenblattwespe (Abb. 248).

B: Bevorzugt an freistehenden Bäumen und in warmen, trockenen Sommern.

LIT: 214 Bd. 1

Abb. 250: Gelbfleckung und Deformation der Blätter durch Gallmilben-Befall (*Phytoptus tetratrichus abnormis* var. *erinotes*), Filzgallen.

EM: Blattoberseits gelbliche, gewölbte Flecke, meist unterseits heller bis violettbräunlicher Filzrasen.
VM: Filzgallmilbe (meist oberseits hellgrüne Filzrasen), Nervenwinkel-Hörnchengallmilbe (oberseits halbkugelige bzw. rote, hornartige Ausstülpungen), Blattrandgallmücke (Rand eingerollt), Abb. s. FAG.
LIT: 30, 167, 214 Bd.1

Abb. 251: Akute Schädigung durch Chlorwasserstoff- und Schwefeldioxid-Immissionen

EM: – *Chlorwasserstoff* (a): von den Blatträndern ausgehende, zunächst gelbe, chlorotische Verfärbung, die später in braune, nekrotische Verfärbung übergeht. Chemische Analyse: Symptome bei Chlorid-Gehalten ab etwa 1,0 % der Trockenmasse der Blätter.
– *Schwefeldioxid* (b): von der Basis und Mitte der Blattspreite ausgehende braune, nekrotische Fleckung und Aufwölbung der Interkostalfelder. Chemische Analyse: Grenzwerte für akute Symptome durch Schwefeldioxid nicht bekannt; chronische Schäden, Chlorose der Blätter und Wuchshemmung bei Schwefelgehalten der Blätter zwischen 0.15 % und 0,8 % der Trockenmasse.
VM: Schäden durch Auftausalz (Abb. 224), verschiedene Pilzinfektionen (Abb. 252–254).
B: Im Lee von Nahemittenten.
LIT: 14, 50, 236

Abb. 252: Nekrotische Blattfleckung durch Pilzinfektion (*Cercospora microsora*)

EM: Über die ganze Blattspreite verteilte, 1–4 mm große, oft zusammenfließende, braune Flecke mit hellerer Mitte; blattunterseits Sporenlager mit blass olivfarbenen Konidien (Lupe, Mikro).
B: Nach feuchter Sommerwitterung, besonders an den unteren Blättern.
LIT: 34, 66, FAG

Abb. 253: Blattbräune durch Pilzinfektion (*Apiognomonia tiliae*)

EM: Entlang der Blattadern längliche Nekrosen mit spitz gezackten Rändern und auf beiden Blattseiten hell bräunlichen Fruchtkörpern der ungeschlechtlichen Form des Erregers (*Discula* sp.; vgl. Abb. 193 c).
VM: Nekrosen durch Schwefeldioxid-Immission (Abb. 251).
B: Pilz lebt endophytisch im Blatt und wird durch Gallen zum Parasitismus stimuliert (vgl. Abb. 152 b).
LIT: 34, 178, FAG

Abb. 254: Blattflecken durch den Pilz *Didymosphaeria petrakiana*

EM: Bis zu 3 cm große, schwarzbraune Blattflecken, anfangs mit gezacktem bis fransenartig verästeltem Rand und blattunterseits im Blattgewebe eingesenkte, etwa 0,1 mm große schwarze Fruchtkörper der ungeschlechtlichen Form des Erregers (*Asteromella tiliae*).
B: Ausbildung der geschlechtlichen Form im folgenden Frühjahr an am Boden liegenden Blättern.
LIT: 34, 66, FAG

Hainbuche (*Carpinus betulus*)

Weißer Überzug auf Blättern durch
- Echten Mehltau (*Phyllactinia guttata.*): Abb. 255

Weiße Blattsprenkelung durch
- Zwergzikaden; daneben Pilz: Abb. 256

Braune Blattflecken oder Blattrandnekrosen durch
- Pilzinfektion (*Asteroma carpini*); daneben Zwergzikaden: Abb. 256
- Trockenheit und Hitze: Abb. 257

Blätter befressen durch
- Frotspanner-Arten: Abb. 182

Deformation der Blätter durch
- Gallmilben (*Eriophyes* sp.): Abb. 258

Wucherungen, „Hexenbesen" durch:
- Pilzinfektion (*Taphrina carpini*): Abb. 259

Abb. 255: Weißer Überzug durch Echten Mehltau (*Phyllactinia guttata*)

EM: Auf beiden Blattseiten dünnes, weißes Geflecht aus Pilzhyphen. Darin im Spätsommer kugelförmige, etwa 0,2 mm große, gelbliche, später dunkelbraune Fruchtkörper des Erregers mit starr abstehenden, stiftförmigen, an ihrer Basis verdickten Anhängseln (Lupe, Mikro).
VM: *Quidium carpini.*
LIT: 24, 34, FAG

Abb. 256: Blätter mit braunen Flecken durch den Pilz *Asteroma carpini* und weißen Sprenkeln durch Zwergzikaden

EM: - *Asteroma*: braune Blattflecke, unterseits mit punktartigen, dunklen Fruchtkörpern des Erregers (Lupe).
- *Zwergzikaden*: blattoberseits feine gelblich weiße Sprenkel (Pfeil).
VM: Vorwiegend am Blattrand auftretende, braune Flecke durch den Pilz *Monostichella robergei.*
B: Braune Nekrosen erst ab Spätsommer auf alternden Blättern.
LIT: 34, 214 Bd. 1, FAG

Abb. 257: Blattrandnekrosen durch Trockenheit und Hitze

EM: Frühe Vergilbung einzelner Blätter, Bräunung und Einrollen der Blattränder, vorzeitiger Laubfall.
VM: Salz- oder Immissionsschäden (Abb. 224, 251); Unterscheidung durch chemische Analyse.
B: Vergilbung als Zeichen beschleunigter Alterung bei anhaltender Trockenheit; Blattrandnekrosen als Folge von Hitze und Trockenheit.
LIT: 145, 151, 215, 220

257

Abb. 258: Blattdeformation durch Gallmilben-Befall (*Eriophyes macrotrichus*), Hainbuchenmilbe

EM: Aufwärtsfaltung der Interkostalfelder entlang der zickzackartig gekräuselten Seitenadern; im Inneren der blattoberseits offenen Falten weiße, etwa 0,16 mm lange Milben (Lupe, Mikro).
VM: Blattdeformation durch Herbizid (vgl. Abb. 190).
B: Keine bedeutende Schadwirkung.
LIT: 4, 30, 214 Bd. 1

258

Abb. 259: Wuchsanomalie durch den Pilz *Taphrina carpini*, „Hexenbesen"

EM: An Stamm und Ästen dichte, runde Büsche aus zahlreichen, kurzen, an der Basis verdickten, kurzlebigen Trieben mit blass gelblich grünen Blättern. Auf diesen im Frühsommer unterseits hellgrauer Überzug, bestehend aus einer Schicht frei stehender Sporenbehälter (Asci) des Erregers.
B: Massenhafter Knospenaustrieb durch Ausscheidung von Wuchsstoffen durch den Erreger.
LIT: 30, 34, 191

259

Birke (*Betula*)

Kronenverlichtung und Blattverfärbung durch
- Trockenheit und Hitze: Abb. 260
- Rostpilz-Infektion der Blätter (*Melampsoridium betulinum*): Abb. 261
- Pilzinfektion, „Blattbräune" (*Marssonina betulae*): Abb. 262
- Virus-Infektion (Kirschenblattroll-Virus): Abb. 263
- Chlorwasserstoff-Immission: Abb. 264

Wuchsanomalie, „Hexenbesen" durch
- den Pilz (*Taphrina betulina*): Abb. 265

Schäden im Stammholz durch
- Minierfliegen (*Phytobia betulae*) mit Braunfleckigkeit: Abb. 266
- Braunfäule (*Piptoporus betulinus*): Abb. 267
- Weißfäule (*Fomes fomentarius*): Abb. 173

Abb. 260: Laubverfärbung, Sommerlaubfall und Wipfeldürre durch Trockenheit

EM: Bei Sommertrockenheit Blattrandnekrosen und einzelne bis zahlreiche, in der Krone gleichmäßig verteilte gelbe, später braune Blätter (a), die vorzeitig abfallen; als Spätfolge Wipfelsterben (b) durch schwach parasitische Pilze (z. B. *Myxosporium devastans*).

VM: Rostpilzinfektion (Abb. 261), Birkendegeneration (Abb. 263), Immissionen (z. B. Abb. 264).

B: Auch an Linde und Pappel als Vergilbung (Abb. 247, 286), an Bergahorn als Blattrandnekrosen (Abb. 225), an Buche als Sommerlaubfall.

LIT: 34, 145, 151, 215

Abb. 261: Vergilbung der Blätter durch Rostpilz-Infektion (*Melampsoridium betulinum*), Birkenrost

EM: Blätter erscheinen innerhalb der Krone von unten nach oben fortschreitend gelblich, bei meist noch grünem Wipfel (a). Diese Verteilung ist typisch für Pilzinfektionen, vgl. z. B. Abb. 262 a. Infizierte Blätter oberseits gelb gesprenkelt bis gefleckt (b), auf der Unterseite mit gelb bis orange gefärbten, im Spätsommer und Herbst bräunlichen Sporenlagern des Erregers, die oft das ganze Blatt dicht bedecken (b); vorzeitiger Laubfall.

VM: Andere Pilzinfektionen, z. B. durch *Marssonina betulae* (Abb. 262); Schädigung durch Trockenheit, dann jedoch mit Blattrandnekrosen und gleichmäßiger Verteilung der Blattschäden innerhalb der Krone (Abb. 260).

B: Erreger lebt wirtswechselnd mit Lärche, auf deren Nadeln andere, ebenfalls orange gefärbte Sporenlager gebildet werden. Starke Rostpilzinfektion erhöht die Empfindlichkeit für Trockenheit, Frost und sekundäre Pilzinfektion, besonders durch *Myxosporium devastans*, wodurch es an jungen Birken zu Triebsterben, an ältern zu Wipfelsterben kommt (Abb. 260 b).

LIT: 18, 34, 77

Abb. 262: Kronenverlichtung und Blattflecken durch Pilzinfektion der Blätter (*Marssonina betulae*); „Marssonina-Blattbräune“

EM: Innerhalb der Krone von unten nach oben fortschreitender Sommerlaubfall bei zunächst noch dicht belaubtem Wipfel (a; typisches Verteilungsmuster für Kronenverlichtung durch Pilzinfektionen, s. auch Abb. 261). Auf den Blättern große, rundliche, dunkel rotbraune Blattflecken mit strahlenförmig gezackten Rändern (b). Darauf blattoberseits sehr kleine, punktartige, schwer erkennbare, dunkelbraune Fruchtkörper (Acervuli) des Erregers (Lupe). Bei starker Infektion vollständige Vergilbung und vorzeitiges Abfallen der Blätter.

VM: Rostpilz-Infektion (Abb. 261); Trockenheit (Abb. 260), dann jedoch mit anderer Verteilung der Blattschäden innerhalb der Krone.

B: Nur gelegentlich vorkommend, besonders in mehrjährigen Perioden feuchter Sommerwitterung sowie in Gebieten mit generell hoher Luftfeuchtigkeit, z. B. in See- und Flussniederungen.

LIT: 220

Abb. 263: Kronenverlichtung, Deformation und Vergilbung der Blätter durch Virus-Infektion (Kirschenblattrollvirus), „Birkendegeneration"

EM: Verlichtung der Krone durch Kleinblättrigkeit, Einrollen und Kräuselung der Blätter (a, b, links gesunde Blätter), die außerdem diffuse chlorotische Scheckung, seltener gelbe und weiße Fleckung aufweisen, sich später vollständig verfärben und vorzeitig abfallen können. Schädigung oft auf einzelne Äste oder den Wipfel (a) beschränkt.
VM: Blattvergilbung durch Trockenheit (Abb. 260); Verfärbung und Verlichtung der Krone durch Pilzinfektionen (Abb. 261, 262), dann aber innerhalb der Krone meist von unten nach oben fortschreitend.
B: Weit verbreitete, durch Samen und Pollen übertragbare Virose; s. auch an Vogelkirsche (Abb. 242) und Buche (Abb. 149).
LIT: 48, 164, 165, 195

263a

263b

Abb. 264: Akute Blattschädigung durch Chlorwasserstoff-Immission

EM: Von den Blatträndern ausgehende chlorotische Verfärbung, die später in nekrotische Verbräunung übergeht. Chemische Analyse: Symptome bei Chlorid-Gehalten der Blätter über etwa 1,0% der Trockenmasse; Umstände des Auftretens.
VM: Trockenheits- (Abb. 260) oder Salzschäden (Abb. 224, an Ahorn).
B: Im Lee von Nahemittenten; s. auch an Buche, Linde (Abb. 159, 251 a).
LIT: 14, 50

264

Abb. 265: Wuchsanomalie durch Pilzbefall (*Taphrina betulina*), „Hexenbesen"

EM: An einzelnen Ästen kugelige, dicht verzweigte Büsche aus vielen, an der Basis verdickten Zweigen mit gelbgrünen Blättern, auf deren Unterseiten im Juni grauweiße Pilzrasen auftreten (Lupe, Mikro).
VM: Ähnliche Gallen durch Gallmilben, jedoch ohne basale Verdickung der Zweige und ohne Pilzrasen.
B: Missbildung durch Wuchsstoffausscheidung des Pilzes; vieljährig.
LIT: 30, 34, 191

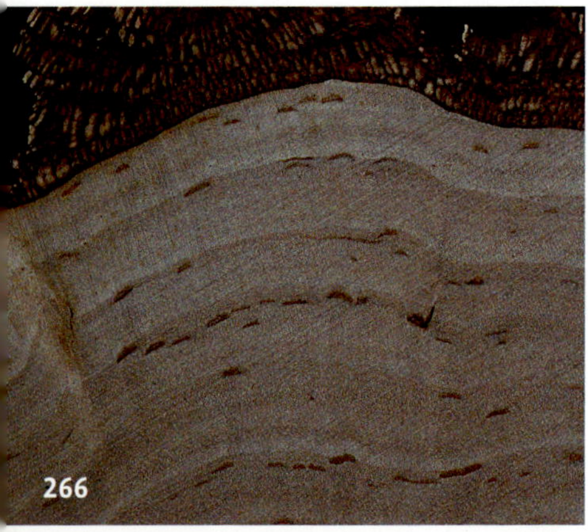

Abb. 266: Holzfehler durch Minierfliegen-Befall (*Phytobia betulae*)

EM: Im Holzquerschnitt an Jahrringgrenzen 2–4 mm breite, braune, Flecke: Querschnitte längs verlaufender Larvenfraßgänge, die sich von Zweigen ausgehend, im Kambialbereich des Stammholzes bis zu den Wurzeln erstrecken und beim Dickenwachstum im Holz eingeschlossen werden.
B: Wertminderung des Holzes; auch an Erle, Pappel und Weide.
LIT: 214 Bd. 4

Abb. 267: Holzfäule (Braunfäule) durch Birkenporling (*Piptoporus betulinus*)

EM: Stamm- und Astholz von innen würfelig zerfallend; Fruchtkörper ab Juni, einjährig, weich, oberseits glatt, später rissig, beigebraun bis fast weiß, eingerollter Rand und feinporige Unterseite cremeweiß.
B: Schwächeparasit und Saprophyt, besonders an absterbenden und toten Moorbirken, oft zusammen mit *Fomes fomentarius* (Abb. 173)
LIT: 111, 115, 137, 140

Eberesche (*Sorbus aucuparia*) Speierling (*Sorbus domestica*) Elsbeere (*Sorbus torminalis*)

Blattverfärbung, Blattflecken durch
- Virus-Infektion (Ringfleckenvirus der Eberesche): Abb. 268
- Rostpilz-Infektion (*Gymnosporangium cornutum*) an Eberesche: Abb. 269

Weiße Blattüberzüge durch
- Echten Mehltau (*Podosphaera clandestina* var. *aucupariae*) an Eberesche: Abb. 270
- Gallmilben (*Eriophyes sorbeus*) an Eberesche: Abb. 271

Rindenkrebs durch
- *Neonectria ditissima* an Speierling: Abb. 272

Wurzel- und Holzfäulen durch
- *Phytophthora cactorum* an Eberesche s. FAG
- Wurzelschwamm (*Heterobasidion annosum*) an Eberesche: Abb. 273
- Hallimasch (*Armillaria* spp.): Abb. 273
- Zottigen Schillerporling (*Inonotus hispidus*) an Elsbeere: Abb. 274

Abb. 268: Blattverfärbung durch Virusinfektion, „Ringfleckigkeit der Eberesche"

EM: Gelbe, ringförmige Linienmuster (chlorotische Ringfleckung) auf den Blattfiedern.
LIT: 48, 164, 195

Abb. 269: Blattfleckung durch Rostpilzinfektion (*Gymnosporangium cornutum* Syn. *G. juniperinum*), „Ebereschenrost"

EM: Blattoberseits etwas angeschwollene, gelb berandete, orangerote bis braune Flecke, blattunterseits mit Büscheln bis 4 mm langer, hornförmiger Sporenbehälter (Äcidien).
VM: An Wildapfel und Eberesche *Gymnosporangium tremelloides.*
B: Auch an Elsbeere; wirtswechselnd mit Wacholder, dessen Zweige spindelförmig anschwellen und braune, lappige Sporenlager tragen.
LIT: 18, 34, 77, 220

Abb. 270: Weißer Myzelüberzug der Blätter durch Echten Mehltaupilz (*Podosphaera clandestina* var. *aucupariae*)

EM: Auf beiden Blattseiten dünnes, vergängliches Myzel mit Gruppen bis 0,1 mm großer, kugeliger, gelber bis brauner Fruchtkörper (Lupe).
VM: Gallmilben-Befall (Abb. 271).
B: Bei starker Infektion Spitzen der Blattfieder nekrotisch und vorzeitiges Abfallen infizierter Blätter.
LIT: 24, 77

Abb. 271: Blätter filzig weiß durch Gallmilben-Befall (*Eriophyes sorbeus*)

EM: Auf Ober- und Unterseiten der Blätter weiße, dichtstehende, haarartige Auswüchse (Filzgallen) als Reaktion des Blattgewebes auf die von den Milben ausgeschiedenen Reizstoffe; Milbenstadien (Lupe).
VM: Mehltaupilze (Abb. 270).
B: Bei Massenbefall Absterben der Blätter junger Bäume.
LIT: 30, 214 Bd. 1

Abb. 272: Krebs des Speierlings durch den Pilz *Neonectria ditissima*

EM: Von Totästen ausgehende mehrjährige Rindennekrosen, die durch jährliche, konzentrische Überwallungswülste begrenzt werden, aber nicht endgültig ausheilen. Am Nekroserand rote, 0,3 mm große, eiförmige Fruchtkörper (Lupe; s. auch Abb. 162 d).
B: An jungen Bäumen bei kühlfeuchten Bedingungen; bei Mehrfachinfektion Absterben dünner Stämme. Es bestehen große, genetisch bedingte Anfälligkeitsunterschiede.
LIT: 34, 126

Abb. 273: Absterben durch Wurzelschwamm (*Heterobasidion annosum*) oder Hallimasch (*Armillaria* spp.)

EM: Am Stammfuß Aufreißen und Abblättern der äußeren Rinde (a, unten). Darunter im Bast von den Hauptwurzelanläufen nach oben fortschreitende Nekrosen (a, oben), an deren Basis unter der Rinde z.T. weißes, flächiges Myzel (a, anschneiden). Später erscheinen in Bodennähe oft konsolenförmige Fruchtkörper des Wurzelschwammes mit brauner, zonierter Oberseite und cremeweißer, feinporiger Unterseite (b) oder die Fruchtkörper einer schwach parasitischen Hallimasch-Art (*Armillaria gallica*, Abb. 215). Im Holz des Wurzelstockes tritt Weißfäule auf. Im oberen Teil der Nekrose sekundäre Rindenpilze (*Cytospora* sp., *Cryptosporiopsis* sp.).

VM: Wurzelhalsfäule durch *Phytophthora* spp. (Abb. s. FAG).

B: Besonders in Mischbeständen mit Fichte, im Flachland und im Bergland bis etwa 600 Meter Höhe.

LIT: 169, 243

Abb. 274: Holzfäule (Weißfäule) der Elsbeere durch Zottigen Schillerporling (*Inonotus hispidus*)

EM: Befallenes Holz im radialen Längsschnitt mit feinen, weißen Längs- und Querlinien auf dunklem Grund; am oberen Stamm einjährige, oberseits filzig-zottige, anfangs rötlich gelbe (Abb. 239), später rotbraune bis dunklbraune Fruchtkörper des Erregers (hier).

B: Wärmeliebender Wundparasit.

LIT: 111, 115, 137, 140

Erle *(Alnus)*

Verlichtung und Zurücksterben der Krone, Kleinblättrigkeit, Vergilbung, dunkler Schleimfluss, „Erlensterben" durch
- *Phytophthora*-Wurzelhalsfäule: Abb. 275
- Komplex verschiedener Ursachenfaktoren: Abb. 276
- Phytoplasmen (MLO): Abb. 277

Blattfleckung durch
- Pilzinfektion (*Asteroma alneum*), große braune Flecke: Abb. 278
- Rostpilzinfektion (*Melampsoridium alni*), kleine gelbe Flecke: Abb. s. FAG
- Zwergzikaden-Befall, kleine, weiße Sprenkel: Abb. s. FAG

Fraßschäden an Blättern durch
- Erlenblattkäfer (*Agelastica alni*), Fenster- und Lochfraß: Abb. 279
- Erlenblattwespe (*Hemichroa crocea*), Loch- und Skelettierfraß: Abb. 280

Deformation von Blättern, Trieben und Früchten durch Pilzinfektion
- an Blättern (*Taphrina tosquinetii*): Abb. 281, „Kräuselkrankheit"
- an Knospen und Trieben (*Taphrina epiphylla*), „Hexenbesen": Abb. 282
- an Kätzchen (*Taphrina amentorum*): Abb. 283

Holzschäden durch
- Erlenrüssler (*Cryptorhynchus lapathi*): Abb. 284
- holzbrütende Borkenkäfer (*Xylosandrus germanus, Trypodendron signatum, Trypodendron domesticum)*: Abb. 142, 170, 204,
- Minierfliegen (*Phytobia* sp.): Abb. 266

Holz- und Wurzelfäulen durch
- Erlen-Schillerporling (*Inonotus radiatus*): Abb. 285
- Hallimasch (Armillaria-Arten): Abb. 180 h, 215

Abb. 275: „Erlensterben" durch Phytophthora-Wurzelhalsfäule (*Phytophthora alni*)

EM: Blätter klein, hellgrün bis gelblich, Krone durch Laub- und Feinreisigverluste gleichmäßig verlichtet, bei absterbenden Bäumen kahl (a). Am Stammfuß dunkle, zunächst rostrot berandete (b), später schwarzbraune Schleimflussflecke (c). Darunter in infizierter Rinde braune Nekrosen, die vom Wurzelbereich aus nach oben aufsteigen (c, oben, nach Abtragen der Borke). Die Infektion erfolgt im Bereich des Wurzelhalses über lebende Feinwurzeln oder Luftwurzeln, Korkwarzen und führt zur Schwarzfärbung der Rinde (d); von dort aus dehnen sich zungenförmige Rindennekrosen vorwiegend stammaufwärts, langsamer seitwärts aus (c, d). An den Nekroserändern z.T. äußerlich sichtbare Überwallungswülste (e). Bei stammumfassender Wurzelhalsnekrose Absterben von Erlen aller Altersstufen, bei älteren Bäumen oft erst durch Mehrfachinfektion auf verschiedenen Stammseiten.

VM: „Erlensterben" durch komplexe Ursachen (Abb. 276).

275a

275b

275c

275d

275e

B: Vorwiegend an Fließgewässern und in deren Überschwemmungsbereich, da der Erreger meist durch fließendes Wasser verbreitet wird. Daneben kann die Verbreitung auch mit Pflanzgut erfolgen, das aus verseuchten Böden kommt.

LIT: 79, 94, 123, 124, 209, 210

Abb. 276: „Erlensterben“ durch komplexe abiotische und biotische Ursachen

EM: Verlichtung und Zurücksterben der Krone; Rindenrisse am Stamm (a), z.T. mit Schleimfluss, darunter kurze bis meterlange spindelförmige, nicht vom Boden ausgehende Rindennekrosen (b), die überwallt werden können. Auf toten Ästen Fruchtkörper endophytischer bis schwach parasitischer Pilze (*Cryptosporiopsis alnea*, *Disculina vulgaris* u.a.). Am Stammfuß unter der Rinde absterbender Bäume oft weißes Hallimasch-Myzel (Abb. 180 h). Z.T. abnorm flache Wurzelsysteme (c, links normal).

VM: Wurzelhalsfäule (Abb. 275).

B: Meist an jungen, gepflanzten Erlen. Primäre Ursachen ungeklärt. Vermutet wird Wirkung von Witterungsextremen auf an den Standort nicht angepasste Herkünfte.

LIT: 160, 232, 197

Abb. 277: Verfall durch Phytoplasmen-Infektion (Mykoplasmen-ähnliche Organismen, MLO)

EM: Blätter klein, hellgrün bis gelb, oft mit Randnekrosen, vorzeitig abfallend. Besonders am Stammfuß im Bast (flach anschneiden) sehr feine, braune Längsstrichelung (Phloemnekrosen). Wuchshemmung, langsames Zurücksterben der Krone und Absterben ganzer Bäume.

VM: „Erlensterben“ (Abb. 275, 276).

LIT: 218

Abb. 278: Blattfleckung durch Pilzinfektion (*Asteroma alneum*)

EM: Rundliche, bis 3 cm große, braune Blattflecke; darin auf beiden Blattseiten in das Gewebe eingesenkte, schwer erkennbare, dunkle Fruchtkörper des Erregers (Lupe, Mikro).

VM: Blattflecken durch andere Pilze.

B: Im Spätsommer und Herbst, besonders auf bodennahen Blättern junger Erlen.

LIT: 34, 66, 167

Abb. 279: Fraßschäden an Blättern durch Blauen Erlenblattkäfer (*Agelastica alni*)

EM: Teile der Blätter bis auf die Epidermis abgeschabt durch „Fensterfraß" grüner bis schwarzer, 9–12 mm langer Larven (a), später hellbraun und fein durchlöchert (Abb: FAG). Größere Löcher durch Fraß älterer Larven und der 6–8 mm langen, schwarzblauen, fein punktierten Käfer (b: „Lochfraß"); blattunterseits ockergelbe Eigelege.

VM: Blattwespen-Fraß (Abb. 280).

B: Massenvermehrungen und Kahlfraß auf zu trockenen Standorten.

LIT: 4, 167, 214 Bd. 2

Abb. 280: Blattschäden durch Larven der Grünerlenblattwespe (*Hemichroa crocea*)

EM: Anfangs schmale, streifenförmige, schriftzeichen-ähnliche Fraßlöcher (a, Pfeile: „Runenfraß"), später großflächiger Lochfraß (a) und Fraß am Blattrand. Larven bis 20 mm, graugrün, mit schwarzem Kopf, gelbem ersten Segment und drei schwarzen Längsstreifen; in Gruppen fressend, meist mit eingerolltem Hinterleib (b).

VM: Andere Blattwespenarten.

B: Hier an Schwarzerle abgebildet; in den Alpen an Grünerle.

LIT: 4, 25, 67 Bd. 5, 139, 214 Bd. 4

Abb. 281: Deformation der Blätter durch Pilzinfektion (*Taphrina tosquinetii*), „Kräuselkrankheit"

EM: Blätter hellgrün, beulig bis wellig aufgewölbt, später hellgrau durch Fruchtschicht des Erregers (Lupe, Mikro); z.T. auch Deformation junger Triebe.
B: Verursacht durch Wuchsstoffausscheidungen des Erregers.
LIT: 30, 34, 191

Abb. 282: Triebwucherung durch Pilzinfektion (*Taphrina epiphylla*), Hexenbesen der Grauerle

EM: Buschige, am Grunde verdickte, starre, gestauchte Triebe von kurzer, 2–4jähriger Lebensdauer mit etwas vergrößerten und verdickten, hellgrünen Blättern, die später von einer grauen Zellschicht des Erregers überzogen sind.
B: Massenhafter Austrieb ruhender Knospen durch Wuchsstoffausscheidung des Erregers.
LIT: 30, 191

Abb. 283: Wucherungen an weiblichen Kätzchen durch Pilzinfektion (*Taphrina amentorum*, Syn.: *Taphrina alni*), „Kätzchenkrankheit"

EM: An weiblichen Kätzchen zu mehreren zungenförmige, gekrümmte, innen hohle, bis 6 cm lange Auswüchse, die zunächst rötlich und später von grauer Zellschicht des Erregers überzogen sind und lange erhalten bleiben.
B: An Grau- und Schwarzerle durch Wuchsstoffabgabe des Pilzes.
LIT: 30, 34, 191

Abb. 284: Fraßschäden im Stammholz durch Erlenwürger (*Cryptorhynchus lapathi*)

EM: Am unteren Stamm Auftreibungen, Einbohrlöcher, z.T. mit Ausfluss und herausragendem Genagsel. Im Holz bis 10 cm langer Längsgang, am Ende mit groben Nagespänen gepolsterte Puppenwiege (a, mit auskriechendem Jungkäfer, hier an Weide). Käfer (b) 6–9 mm lang, schwarz und hellbeige geschuppt.

B: Schäden an jungen Erlen, Weiden, Pappeln und Birken.

LIT: 49, 174, 214 Bd. 2

Abb. 285: Holzfäule im Stamm durch Erlenschillerporling (*Inonotus radiatus*)

EM: An absterbenden Stämmen Reihen junger, rundlicher, gelblich grauer Fruchtkörper mit hellgrauen, seidig schillernden Poren (a), später konsolenförmig, orange- bis rotbraun, mit gelblichem Rand und daran oft braunen Flüssigkeitstropfen (b); beim Trocknen radial runzlig.

VM: *Inonotus cuticularis*.

B: Häufigster Holzzersetzer (Weißfäule) im Erlenbruchwald.

LIT: 111, 115, 140, 209

Pappel *(Populus)*

Verlichtung und Zurücksterben der Krone, langsamer Verfall und vollständiges Absterben durch
- Trockenheit und Pilzbefall: Abb. 286
- Phytoplasmen-(MLO)-Infektion: Abb. 287

Gelb- bis Braunfärbung der Blätter durch
- Kalium-Mangel, Vergilbung vom Blattrand aus: Abb. 288
- Virus-Infektion, gelbgrüne Scheckung und Fleckung: Abb. 289
- Ozon und andere Luftschadstoffe, gelbe Sprenkelung und braune Fleckung: Abb. 290
- Phytoplasmen-(MLO)-Infektion, rötlich gelbe Verfärbung: Abb. 287

Blattflecke und vorzeitiger Laubfall durch Pilzinfektion
- braune Sprenkel und Flecke (*Marssonina brunnea*): Abb. 291
- kleine, gelbe Flecke (*Melampsora*-Arten): Abb. 292

Fraß- und Saugschäden (Beschädigung, Verfärbung, Deformation) an Blättern durch
- Blasenläuse (*Pachypappa tremulae*): Abb. 293
- Blauen Weidenblattkäfer *Phyllodecta vitellinae*): Abb. 294

Absterben junger Triebe und ihrer Blätter durch
- Pilzinfektion (*Pollaccia radiosa*): Abb. 295

Bohrlöcher, Fraßgänge im Holz mit Holzspänen, knotige Anschwellungen an Ästen, Stammbruch, Absterben durch
- Großen Pappelbock (*Saperda carcharias*): Abb. 296
- Kleinen Pappelbock (*Saperda populnea*): Abb. 297

Absterben von Zweigen und Ästen, in der Krone von unten nach oben fortschreitend durch
- Rindenpilze (*Cryptodiaporthe populea*, *Cytospora* sp.): Abb. 298

Wucherungen (Tumore) an Stamm und Ästen durch
- *Agrobacterium tumefaciens*: Abb. 299

Holzfäule in Stamm und starken Ästen durch
- Pappelschüppling (*Pholiota populnea*): Abb. 300

Wurzelfäule und Absterben durch
- Hallimasch-Arten (z. B. *Armillaria gallica*): Abb: 180 h, 215

Abb. 286: Verlichtung und Zurücksterben der Krone durch Trockenheit und sekundäre Pilzinfektion

EM: Vergilbung der Blätter, Sommerlaubfall, gleichmäßige Verlichtung der ganzen Krone (a). Bei starkem Trockenstress vom Wipfel aus abwärts fortschreitendes Zurücksterben von Zweigen und Ästen (b) durch sekundäre Pilzinfektion, die u. a. über Blattnarben in die Rinde eindringt (c; s. auch Abb. 298). Im Wipfel spärliche, nach unten dichtere, büschelige Restbelaubung (c).

VM: Verfall durch MLO (Abb. 287); Pilzinfektion (Abb. 298).

B: Bei Sommertrockenheit, Grundwasserabsenkung, besonders an frei stehenden Schwarzpappeln; seltener nach Frost.

LIT: 34, 144, 145, 151

Abb. 287: Langsamer Verfall und Absterben durch Phytoplasmen-Infektion (MLO)

EM: Blätter klein, rötlich verfärbt, mit verkürzten Blattstielen, dadurch befallene Triebe schmal, buschig belaubt (a, links; rechts gesund); vorzeitiger Laubfall. Verkrümmung und Absterben von Trieben, Ästen, ganzen Kronen (b).
VM: Zurücksterben durch Tockenheit (Abb. 286) oder Pilzinfektion (Abb. 298).
B: Bisher nur regional nachgewiesen.
LIT: 218

Abb. 288: Verfärbung der Blätter durch Nährstoffmangel (Magnesium, Kalium)

EM: Vergilbung vom Blattrand aus unter Aussparung der Blattadern und ihrer unmittelbaren Umgebung; bei Kalium-Mangel später Blattrandnekrosen. Sichere Diagnose durch chemische Analyse: Symptome bei Magnesium-Gehalten unter 0,1 %, bei Kalium-Gehalten unter 0,5 % der Trockenmasse.
VM: Mangan-Mangel.
B: Besonders bei Trockenheit.
LIT: 14, 235

Abb. 289: Chlorotische Scheckung und Fleckung der Blätter durch Pappelmosaikvirus

EM: An ausgewachsenen Blättern gelbgrüne, teils scharfrandige, den Adern folgende, teils unscharfe oder ringförmige Flecke, die z.T. später nekrotisch werden. Blätter verbräunen und fallen vorzeitig ab.

VM: Rostpilz-Infektion, dann jedoch blattunterseits mit gelben Sporenlagern (Abb. 292).

B: Übertragung u. a. durch Stecklinge.

LIT: 48, 164, 165, 167, 195

Abb. 290: Gelbe und braune Sprenkelung der Blätter durch Ozon in Verbindung mit anderen Luftschadstoffen (experimentell erzeugt)

EM: Bei geringen, chronisch schädigenden Ozon-Konzentrationen zuerst an mittelalten und älteren Blättern beginnende, feine gelbe (a) oder braune, in größere Flecke übergehende Sprenkelung der Blattoberseite (b); welliges Einrollen der Blattränder (b) und vorzeitiges Abfallen der Blätter.

VM: Frühstadien von Pilzinfektionen (Abb. 291, 292).

B: An besonnten Blättern oder Teilen von Blättern durch Schädigung und Verfärbung der Pallisadenzellen, wobei die Blattadern grün bleiben (Lupe; vgl. Abb. 151 an Buche). Die Symptome wurden hier experimentell erzeugt durch Begasung junger Pappeln in Klimakammern mit 60–160 µg Ozon/m^3 Luft, in Kombination mit niedrigen Konzentrationen anderer Luftschadstoffe (NO_2, SO_2).

LIT: 84, 110, 159

Abb. 291: Vorzeitiger Laubfall durch Pilzinfektion (*Marssonina brunnea*)

EM: Blätter dicht gesprenkelt, gefleckt bis vollflächig dunkelbraun (a); oberseits schwarze Sporenlager, darauf bei Feuchtigkeit feine, weiße Poren (b). Laubfall von unten nach oben fortschreitend (c).

VM: Trockenheit (Abb. 286); Rostpilz-Infektion (Abb. 292).

B: In feuchten Sommern an Schwarzpappeln (c, rechts); resistente Klone bleiben unbefallen (c, links).

LIT: 2, 31, 34

Abb. 292: Blattfleckung durch Rostpilz-Infektion (*Melampsora larici-populina*)

EM: Blätter oberseits gelb gesprenkelt, im Sommer unterseits dicht mit orangegelben, im Herbst oberseits mit braunen Sporenlagern besetzt; vorzeitiger Blattfall.

VM: Ähnliche Pappelrost-Arten.

B: An anfälligen Klonen der Schwarzpappel und ihrer Hybriden; wirtswechselnd mit Lärche.

LIT: 2, 18, 31, 34, 77

Abb. 293: Blattschäden durch Befall der Aspen-Blattnestlaus (*Pachypappa tremulae*; Syn.: *Asiphum tremulae*)

EM: Im Frühjahr an jungen Zweigen der Zitterpappel Büschel z.T. verfärbter Blätter, deren Stiele sich durch das Besaugen der Läuse krümmen und nestartig zusammen neigen (a). In den Blattnestern Larven, die durch Ausscheidung von Wachsstaub sich und ihre Umgebung weißlich bepudern (b).

VM: Keine, aufgrund der charakteristischen Nestbildung.

B: Wirtswechsel durch geflügelte Stadien, im Sommer zu Fichtenwurzeln und ab Herbst zurück zur Zitterpappel, wo in Rindenrissen unter Wachswolle die überwinternden Eier abgelegt werden.

LIT: 4, 214 Bd. 1

Abb. 294: Fraß an Blättern durch Blauen Weidenblattkäfer (*Phyllodecta vitellinae*)

EM: Fenster- und Skelettierfraß durch 4–5 mm lange, metallisch blaue Käfer, im Juli blattoberseits durch 5–6 mm lange, schmutzig graue, oberseits schwarz gefleckte Larven, die bei Reizung weiße Tropfen ausscheiden (ohne Bild).

B: Stark befressene Blätter verbräunen und fallen ab; an Weide und Aspe.

LIT: 4, 25, 214 Bd. 2

Abb. 295: Triebspitzenkrankheit durch Pilzinfektion (*Venturia macularis*, Nebenfruchtform: *Pollaccia radiosa*)

EM: Junge, nicht verholzte Triebspitzen und ihre Blätter zeigen zunächst Nekroseflecke, dann vollständige Verbräunung, Welken und Absterben der Triebspitzen. Auf den Nekrosen dunkel olivbraune Sporenlager von *Pollaccia radiosa*.
VM: Spätfrost; *Venturia populina*; *Marssonina brunnea* (Abb. 291).
B: Besonders an Aspen und bestimmten Weißpappel-Klonen.
LIT: 2, 31, 34, 56, 240

295

296a

296b

Abb. 296: Stammschäden durch Großen Pappelbock (*Saperda carcharias*)

EM: Im Fuß junger, bis 15 cm dicker Stämme oder in Ästen durch Larvenfraß 20–30 cm lange Gänge mit groben Spänen (a), die durch Löcher ausgeworfen werden und sich am Stammfuß anhäufen. Fraßstellen oft verdickt. Aus rundlichen Ausbohrlöchern schlüpfen 20–30 mm lange, beigebraune, filzig behaarte Käfer (b).
VM: Kleiner Pappelbock (Abb. 297).
B: Dünne befallene Stämme können absterben, stärkere brechen.
LIT: 49, 174, 214 Bd. 2

Abb. 297: Schäden an jungen Aspen durch Kleinen Pappelbock (*Saperda populnea*), „Aspenbock"

EM: An Stockausschlägen, Ästen und jungen Stämmchen hufeisenförmige Nagespuren in der Rinde (Eiablagestelle). Darunter im äußeren Splintholz Platz- und Ringfraß der Larve mit Luftloch. An der Fraßstelle knotige Anschwellung (a) durch Wucherung des Wirtsgewebes, das von der jungen Larve abgeweidet wird (b). Später in der Markröhre bis 5 cm langer Längsgang, aus dem im dritten Jahr der Käfer aus kreisrundem, bis 4 mm großem Flugloch schlüpft und anschließend Blätter befrisst. Käfer 9–15 mm, vordere Körperhälfte lang behaart (c).

B: Begünstigt durch Trockenheit und Wärme; meist an Aspen und Kanadapappeln, seltener an Weide.

LIT: 49, 174, 214 Bd. 2

Abb. 298: Ast- und Wipfelsterben durch Pilzinfektion (*Cryptodiaporthe populea*), „Dothichiza-Rindenbrand", „Braunfleckengrind"

EM: In der Krone von unten nach oben fortschreitendes Zweig- und Aststerben (a). An Ästen und Stamm Rindennekrosen, die von Blattnarben (Abb. 286 b) oder infizierten Zweigen ausgehen (b) und überwallt werden oder sich ausdehnen und zum Absterben der Äste, des Wipfels oder ganzer Bäume führen. Aus infizierter Rinde kegelförmige, schwarze Fruchtkörper des Erregers hervorbrechend (c, Lupe), sowie scheibenförmige, in der Mitte perforierte Mündungen der Fruchtkörper eines meist nachfolgenden Pilzes (d: *Cytospora* sp.), dessen Sporen als gelbe Tropfen (d, Lupe) oder als Ranken austreten (e).

B: Im Inneren zu dichter Schwarzpappel-Bestände nach Prädisposition durch Trockenheit; seltener an Aspen, Weiß- und Graupappeln, kaum an Balsampappeln.

LIT: 2, 31, 32, 34

Abb. 299: Rindenkrebs durch Bakterien-Infektion (*Xanthomonas populi*, Syn.: *Aplanobacter populi*)

EM: An Stamm und Ästen unregelmäßig rissige, gekröseartige Auftreibungen durch fortgesetzte Ausdehnung der Infektionsherde und Überwallungsreaktionen der Rinde. Frühsymptome an jungen, noch nicht verholzten Trieben in Form feiner Risse an der Basis von Knospen oder Blattnarben, wobei aus den Rissen und angeschwollenen Lentizellen ein weißlicher Schleim austritt. Junge Triebe und Äste mit astumfassenden Krebswunden sterben ab.

VM: Befall durch Kleinen Pappelbock (Abb. 297) oder „Dothichiza-Rindenbrand“ (Abb. 298).

B: Neuinfektion junger Triebe unter luftfeuchten Bedingungen, besonders im Frühjahr, weniger stark im Herbst. Anfällige Klone kommen in allen Pappel-Sektionen vor, am wenigsten bei Schwarzpappeln.

LIT: 2, 34

Abb. 300: Holzfäule durch Pappelschüppling *(Pholiota populnea)*

EM: Weißfäule im Stamm lebender oder frisch gefällter Pappeln. Fruchtkörper mit bis zu 20 cm großem, tongrauem bis rotbraunem, derb weiß geschupptem Hut und Stiel, blass- bis rotbraunen Lamellen und starkem, leicht stechendem Geruch.

VM: Andere Schüpplingsarten, z.B. *Pholiota squarrosa.*

B: In Auewäldern und an Bestandes- und Wegrändern. Befallene Bäume können innerhalb weniger Jahre absterben; oft auch saprophytisch.

LIT: 137, 140

Bildquellen

AIGNER, H., Bopfingen-Baldern: 39a.
ALTENKIRCH, DR. W., Göttingen: 119a; 248a; 284a.
BAYERISCHE LANDESANST. FÜR WALD UND FORSTWIRTSCHAFT, Freising: 226b.
BBA, INST. FÜR PFLANZENSCHUTZ IM FORST, Braunschweig: 200b,c; 224; 227; 239; 240f; 281.
BENKE, L., Remscheid: 228a.
BLANK, RATBURG, Hardegsen: 94 c.
BLASCHKE, M., Freising: 142a.
BUTIN, PROF. DR. H., Wolfenbüttel: 3d; 6c; 7a; 8b; 10; 11a; 16a; 21a,b; 23; 28; 29; 30a,b,c; 38d; 39b; 40a,c,d; 43c,d; 69c; 72a; 73a,b; 74b,c; 76a,b; 92b; 93b,c; 95c; 96b; 101c; 105; 106b; 110a,b; 123; 128b; 129a; 135b; 136b; 140d; 154b; 167b; 178d; 181c; 193d; 194c; 197a,b,c; 204b; 207b; 212a; 219; 220; 222; 224; 234; 236a,b,c; 240b,c; 253; 254; 256; 259; 265; 269; 279a,b; 283; 286a; 291b,c; 292; 298b,e; 299, 300.
BÜTTNER, PROF. DR. CARMEN, Berlin: 149a.
DENGLER, K., Rottenburg: 198b,c.
EIDGENÖSSISCHE FORSCHUNGSANSTALT WSL, Birmensdorf, Schweiz: 16b; 52b; 65; 67b; 74a.
ELSNER, DR. G., Göttingen: 169.
FORSTLICHE VERSUCHSANSTALT BADEN-WÜRTTEMBERG, ABT. WALDSCHUTZ, Freiburg: 111b; 112a; 114.
FÜHRER, PROF. DR. E., Wien: 80b.
GLATZ, K., Hann. Münden: 206.
GUDERIAN, PROF. DR. R., Essen: 6b; 290b.
GUSSONE, PROF. DR. H. A., Göttingen: 9a; 50c; 59a,b; 132.
HABERMANN, DR. M., Göttingen: 46c; 47d; 48a,b,e,i,j; 84a.;
HARTMANN, DR. G.: Hardegsen: 1a,b,d; 2a,b,c,d; 3c,e; 4b; 7b,c,d; 8a,c,d,e; 9b; 11b,c,d; 12a,b,c; 15a,b; 17a; 20a; 22a,b 24a; 25a,b; 26a,b,c; 31a,b; 32; 33c,e; 34a; 36a; 37a,b; 38a,b,c,e; 40b,e; 42a,b; 43a,b; 44a,b; 45a,b,c; 47a,b; 49a,c,d; 50a,b; 51a,b; 52a; 54; 55; 58a,b; 59c; 60a,b,c,d; 61; 62a,b; 63a,b; 64b; 66; 68a,b; 69a,b,d,e; 72b; 75a,b,c; 77a,b; 79a; 81a,b,c,d; 84b; 85a; 85c; 86a; 87a; 88a; 89a; 90a,b,c; 91a,c,d; 92a,c; 93a; 94a,b; 95a,b; 99; 100; 101a,b; 107; 113a; 115a,b; 116; 117; 119b,c; 120; 121; 122; 124a,b; 125a,b; 126a,b; 128a; 129b; 131a,b,c; 133a,b; 134a,b,c; 135a; 136a,c; 137a,b,c; 138; 139; 140a,b,c; 141a,b; 142b; 143a,b,c; 144a,b,c,d; 145a,b; 146a,b,c,d,e; 147b; 148a; 150; 151b,c,d; 152a,c; 153; 154a; 155a,b,c; 156a,b,c; 157a,b; 160a,b; 161a,b,c,d; 162a-g; 164a,b; 165a,b,c; 166a,b; 167a; 168; 169a,b,c,e; 170a,b; 171a,b; 172a,b; 173a,b,c,d; 174a,b; 175; 176a,b,c; 177a,b; 178a,b,c; 179a-f; 180a,b,d-h; 181a,b; 182a-h; 183a,b,c; 184; 186; 187; 189; 191a,b; 193a,b,c; 194a,b; 195; 196; 197d; 198a,d; 199a,b,c; 200a; 201a; 202a,b; 203a,b; 205a; 207a; 208a,b; 209a,b,c; 210a,b; 211a; 212b; 213a,b; 214; 215a,b; 218; 221a; 225; 226a; 228b; 229; 230a,b; 231; 235; 237a; 238a; 240a,e; 241a,b,c; 245a; 246; 247; 252; 257; 260a,b; 262a,b; 266; 267; 273a,b; 275c,d; 276a,b,c; 278; 280a,b; 285b; 286b,c; 288; 291a; 295; 296a; 298a,c,d.

– und Pehl, Dr. L., BBA Braunschweig: 33d,g; 83b; 84c; 85b; 90d; 130b; 141c; 166c; 170c; 240d,g; 245b.

Heiniger, Dr. Ursula, Birmensdorf: 17b.

Hüttl, Prof. Dr. R. F., Cottbus: 4a; 97; 98.

Jung, Dr. T., Flintsbach: 163.

Kausch-Blecken von Schmeling, Prof. Dr. W., Bovenden: 272; 274.

Köhler, F., Bornheim: 284b.

Kontzog, Dr. H. G., Flechtingen: 180c; 201b.

Krause, Dr. G., Essen: 151a.

Kreutzer, Prof. Dr., Freising: 216.

Pflanzenschutzdienst der Landwirtschaftskammer Rheinland, Bonn: 104a,b.

Landesamt für Natur, Umwelt- und Verbraucherschutz NRW, Essen: 13a,b; 53; 67a; 102; 118a,b; 158b; 159; 223; 251a,b; 264.

Maschning, E., Ebersberg: 24b.

Mooi, Dr. J., Wageningen, Niederlande: 290a.

Metzler, Dr. B., Freiburg: 106a; 112b.

Niemeyer, Dr. H., Göttingen: 18b; 47c; 48c,d,f,g,h; 64c; 82; 164c,d.

Nienhaus, Prof. Dr. F., Buschhoven: 3a,b; 18a; 20b; 57; 80a; 111a; 127; 148b; 149b; 158a; 185; 188a,b,c; 190; 217a,b; 232a,b; 233; 242a,b,c; 243; 244; 249; 250; 255; 258; 261a,b; 263a,b; 268; 270; 271; 282; 289; 293a,b.

Nordwestdeutsche Forstliche Versuchsanstalt, Abt. Waldschutz (NWFVA) und Institut für Wissenschaftlichen Film, Göttingen: 36b; 37c; 85d; 86b; 87b; 88b; 89b; 113b; 142c; 203c; 204b; 237b; 238b.

NWFVA, Abt. Waldschutz, Göttingen:14b; 41; 297a.

Pehl, Dr. L., Braunschweig: 56; 70a,b; 71a,b,c; 91b; 103a,b; 108a,b; 109; 130a; 152b; 204a; 211b.

Rehfuess, Prof. Dr. K. E., Freising: 1c.

Reinecke, H., Göttingen: 5; 78a; 79b.

Rodenkirchen, J., Erftstadt: 297b,c.

Schumacher, Dr. J., Braunschweig: 275a,b,e; 285a.

Schütt, Prof. Dr. P., Freising: 96a.

Seemüller, Prof. Dr. E., Dossenheim: 277; 287a,b.

Uebel, R., Bursfelde: 80c.

Vollenweider, Dr. P., Eidgenössische. Forschungsanst. WSL, Birmensdorf: 6a.

Voss, A., Zürich: 19; 27b.

Winter, Dr. K., Göttingen: 14a; 27a,c; 33a,b,f; 34b; 35; 46a,b; 49b; 64a; 78b; 83a; 248b; 294; 296b.

Wulf, Prof. Dr. A., BBA Braunschweig: 192; 221b.

Zöttl, Prof. Dr. H. W., Freiburg: 147a.

Literatur

1 AID (Hrsg.): Borkenkäfer überwachen und bekämpfen. Heft 1015, Bonn, 1993, 36 S.

2 AID (Hrsg.): Pappelanbau. Heft 1226, Bonn, 1990, 23 S.

3 Aigner, H.: Bestandes- und Holzschäden durch Rissbildung an Fichte. AFZ 28, 720–721, 1981

4 Alford, D.V.: Farbatlas der Schädlinge an Zierpflanzen, Enke, Stuttgart, 1997, 477 S.

5 Altenkirch, W., Majunke, C., Ohnesorge, B.: Waldschutz auf ökologischer Grundlage. Ulmer, Stuttgart, 2002, 434 S.

6 Aufsess, H. von : Einige Pilzschäden an alten Eichen. Forstwiss. Centralbl. 92,153–169, 1973

7 Barklund, P., Rove, J.: *Gremmeniella abietina* (*Scleroderris lagerbergii*) a primary parasite in Norway spruce dieback. Eur. J. For. Path. 11, 97–108,1981

8 Bazzigher, G.: Der schwarze Schneeschimmel der Koniferen. Eur. J. For. Path. 6, 109–122, 1976

9 Bemmann, M.: Waldschutzsituation 2003–2004 in Mecklenburg-Vorpommern. AFZ-DerWald 59, 379–282, 2004

10 Benz, G., Zuber, M.: Die wichtigsten Forstinsekten der Schweiz. Vdf Hochschulverlag, ETH Zürich, 1993, 121 S.

11 Beitzen-Heinecke, I., Dimitri, L.: Rückeschäden – Entstehung und Möglichkeiten ihrer Verhütung. AFZ 36, 278–280, 1981

12 Bergmann, J.H.: Herbizide in der Forstwirtschaft. Deutscher Landwirtschaftsverlag, Berlin, 1986, 304 S.

13 – Spezielle Herbizide. In Lyr et al., S. 371–380,1992 (siehe dort)

14 Bergmann, W. : Ernährungsstörungen bei Kulturpflanzen. Fischer, Stuttgart, 1993, 835 S.

15 Bevan, D.: Forest insects. Forestry Commission Handbook 1, HSMO, London, 187, 153

16 Blank, R.: Ringporigkeit des Holzes und häufige Entlaubung durch Insekten als spezifische Risikofaktoren der Eichen. Forst und Holz 52, 235–242, 1997

17 Blascke, H.: Schadbild und Ätiologie des Tannensterbens III. Das Vorkommen einer Phytophthora-Fäule an Feinwurzeln der Weißtanne. Eur. J. For. Path. 12, 232–238, 1982

18 Blumer, S.: Rost- und Brandpilze auf Kulturpflanzen. Fischer, Jena, 1963, 379 S.

19 Boerma,G.H., Dorenbosch, M.J.: On *Phoma macrostomum* Mont., a ubiquitous species on woody plants. Persoonia 6, 49–58, 1970

20 Bogenschütz, H.: Die Kiefern- oder Forleule (*Panolis flammea* Schiff.). Waldschutz-Merkblatt 5, Parey, Hamburg, 1991

21 – König, E.: Die gemeine Buschhornblattwespe (*Diprion pini* L.) Waldschutzmerkblatt 5, Parey, Hamburg, 1982

22 Borgmann, W.: Schutz gegen atmosphärische Einwirkungen. In: Hess-Beck: Forstschutz, Bd. 2, 327–565, Neumann-Neudamm, 1930
23 Brandenburger, W.: Parasitische Pilze an Gefäßpflanzen in Europa. Fischer, Stuttgart, 1985, 1248 S.
24 Braun, U.: The powdery mildews (*Erysiphales*) of Europe. Fischer, Jena, 1995, 337 S.
25 Brauns, A.: Taschenbuch der Waldinsekten. Fischer, Stuttgart, 1991, 860 S.
26 Breitenbach, J., Kränzlin, F.: Pilze der Schweiz, Bd. 1 Ascomyceten, Bd. 2, Heterobasidiomycetes, Aphyllophorales, Gastromycetes. Verlag Mykologia, Luzern, 1984, 313 S. u. 1981, 416 S.
27 Bressem, U.: Nectria-Erkrankung an Bergahorn im Vogelsberg. AFZ-DerWald 57, 368–370, 2002
28 Buchner, A.: Nadelverfärbungen, die auf Nährstoffmangel beruhen. Der Forst- und Holzwirt 40, 279–285, 1985
29 Buhl, C.: Nicht parasitäre Krankheiten. In: P. Sorauer: Handbuch der Pflanzenkrankheiten, Bd. I, Teil 3, S. 1–38, Parey, Berlin/Hamburg, 1968
30 Buhr, H.: Bestimmungstabellen der Gallen an Pflanzen Mittel- und Nordeuropas. Fischer, 2 Bde., Jena, 1964 und 1965, 1572 S.
31 Butin, H.: Die Blatt- und rindenbewohnenden Pilze der Pappel. Mitt. Biol. Bundesanst. 91, 1957, 64 S.
32 – Untersuchungen über Resistenz und Krankheitsanfälligkeit der Pappel gegenüber *Dothichiza populea* Sacc. et Br.. Phytopath. Z. 28, 353–374, 1957
33 – Über den Rindenbranderreger *Fusicoccum quercus* Oudem. und andere Rindenpilze der Eiche. Eur. J. For. Path. 11, 33–44, 1981
34 – Krankheiten der Wald- und Parkbäume. Thieme, Stuttgart/New York, 1996, 261 S.
35 – Dohmen, H.: Eine neue Rindenkrankheit der Roteiche. Der Forst- und Holzwirt 36, 97–99, 1981
36 – Kehr, R.: *Rhizosphaera pseudotsugae* sp. nov. and related species. Mycol. Res. 104, 1012–1016, 2000
37 – Kowalski, T.: Schüttepilze der Kiefer. Waldschutzmerkblatt 13, Parey, Hamburg, 1989
38 – Nienhaus, F., Böhmer, B.: Farbatlas Gehölzkrankheiten. 3. Aufl., Ulmer, Stuttgart, 2003, 287 S.
39 – Pehl, L.: *Kabatina abietis* sp. nov. associated with browning of fir needles. Mycol. Res. 97, 1340–1342, 1993
40 – Siepmann, R.: Triebsterben der Schwarzkiefer. Waldschutzmerkblatt 2, Parey, Hamburg, 1980
41 – Volger, C.: Untersuchungen über die Entstehung von Stammrissen („Frostrissen“) an Eiche. Forstwiss. Centralbl. 101, 295–303, 1982
42 – Wagner, C.: Mykologische Untersuchungen zur „Nadelröte“ der Fichte. Forstwiss. Centralbl. 104, 178–186, 1985
43 Büttner, G., Hartmann, G., Thomas, F.: Vorzeitige Vergilbung und Nährstoffgehalte des Buchenlaubes in Südniedersachsen. Forst und Holz 48, 627–630, 1993
44 Cartwreight, K.St.G.: A reinvestigation into the cause of “brown oak”, *Fistulina hepatica* (Huds.)

Fr.. Trans. Brit. Mycol. Soc. 21, 68–83, 1937

45 Caspari, C.O., Sachsse, H.: Rißschäden an Fichte. Forst und Holz 45, 685–688, 1990

46 Cech, T.: *Rosellinia minor* (Höhn.) Francis in Christbaumkulturen. Eur. J. For. Path. 20, 113–117, 1990

47 – Absterben von Eschenheistern. Forstschutz Aktuell 35, BFW Wien, S. 6, 2006

48 Cooper, J.I.: Virus Diseases of Trees and Shrubs. Chapman & Hall, London, 1993, 205

49 Csoka, G., Kovacs, T.: Xylophagous insects. AGROINFORM KIADO Budapest, 1999,189 S.

50 Dässler, H.-G.: Einfluss von Luftverunreinigungen auf die Vegetation. Fischer, Jena 1991, 266 S.

51 Delatour, C.: Une pourriture de coeur chez le Douglas provoqée par le *Sparassis crispa* Wulf. Ex Fr. C. R. Acad. Agric. 60, 943–945, 1974

52 – (Hrsg.).: Long term dynamics of oak ecosystems: assessment of the role of root pathogens and environmental constraints as interacting decline inducing factors, (Pathoak), EU-Projekt Fair CT 97–3926, Final report, 2002

53 – Guillaumin, J.J.: Role of *Armillaria* in the decline of silver fir in the Vosges and in the Massif Central. In: Landmann et al., 1995 (s. dort, Nr. 142)

54 Dengler, K.: Gallmücke als Verursacher von Bast- und Rindennekrosen an Stiel- und Traubeneichen. Forst und Holz 47, 460–462, 1992

55 Dennis, R.W.G.: British Ascomycetes. Cramer., Vaduz, 1981, 585 S.

56 Dimitri, L.: Untersuchungen über die Resistenzeigenschaften einiger Weißpappelklone gegenüber der Triebspitzenkrankheit. Eur. J. For. Path. 1, 18–32, 1971

57 – Rieger, G.: Rückeschäden. Waldschutzmerkblatt 6, Parey, Hamburg, 1983

58 Dobson, M.C.: Deicing salt damage on trees and shrubs. For. Commission Bull. 101, HMSO, London, 1991, 64 S.

59 Donaubauer, E.: Epidemiology of *Gremmeniella abietina* and *G. laricina* during the past 35 years in Austria. In: Capretti, P., Heiniger, U., Stephan, R. (Hrsg.): Proc. IUFRO-working parties S.2.0602, S. 2.0604, Valombrosa, 1994

60 Dotzler, M.: Infektionsversuche mit *Rhizosphaera kalkhoffii* und *Lophodermium piceae* an unterschiedlich gestressten Jungfichten. Eur. J. For. Path. 21, 107–123, 1991

61 Dreyer, E., Ponton, S., Dupouey, J.L., Breda, N., Barbaroux, C., Dufrene, E., Marcais, B. Cha, J.J.: Dendroecological assessment of decline induction in oak ecosystems. Chapter 1 in Delatour, C.: Pathoak, Final Report, 2002 (s. dort)

62 Ebert, W., Häussler, D., Kessler, W., Kulicke, H., Templin, E., Jarisch, O.: Bestimmungsbuch der wichtigsten Kiefernschädlinge und -krankheiten. Dt. Landwirtschaftsverlag, Berlin, 1978, 128 S.

63 Ellenberg, H.: Jüngste Veränderungen von Nadelwäldern und -forsten. S. 376–379 in: Vegetation Mitteleuropas mit den Alpen.

5. Aufl., Ulmer, Stuttgart, 1996, 1095 S.
64 – Zur komplexen Problematik des sogenannten Waldsterbens. S. 89–102 in: Veg. Mitteleuropas. 5. Aufl.
65 Elling, W., Bretschneider, M., Schwarz-fischer, C.: Zuwachsdepression in Tannen durch Schwefel-Emissionen. Allg. Forstz. 54, 896–898, 1999
66 Ellis, M.B., Ellis, J.P.: Microfungi on land plants. An identification handbook. Croom Helm, London, 1985, 818 S.
67 Escherich K.: Die Forstinsekten Mitteleuropas. Bde. 1 Allgemeiner Teil, 1914; 2 Urinsekten-Coleoptera; 3 Lepidoptera I, 1931, 5 Hymenoptera, Diptera 1942. Parey, Berlin, 2666 S.
68 Evers F.H.: Zur Ausbreitung von Streusalzschäden im Inneren von Waldbeständen. Forstwiss. Centralbl. 95, 251–264, 1976
69 – Magnesium-Mangel, eine verbreitete Erscheinung in Waldbeständen. Symptome und analytische Schwellenwerte. Mitt. Ver. Forstl. Standortkunde u. Forstpflanzenzüchtung 37, 7–15, 1994
70 – Gussone, H.-A.: Ernährung und Düngung der Fichte. In: Schmidt-Vogt, H.: Die Fichte, II/3, S. 524–600, Parey, Hamburg/Berlin, 1991
71 – Hüttl, R.F.: Magnesium-, Calcium- und Kalium-Mangel bei Waldbäumen. Waldschutz-Merkblatt 16, Parey, Hamburg/Berlin, 1991
72 Feemers, M., Blaschke, M.: Waldschutzsituation 1999 [darin: plötzlicher Rindentod des Bergahorn]. LWFaktuell, , 23, 2–8, Freising 2000
73 Fink, S.: Tödliche Säureflecken auf Fichtennadeln? Allg. Forstz. 45, 989–992, 1990
74 Forschungsbeirat Waldschäden/Luftverunreinigung, Ber. 2, 1986, und 3, 1989. Kernforschungszentr. Karlsruhe
75 Freyer, K.: Untersuchungen zur Biologie, Verbreitung und Bekämpfung von *Herpotrichia parasitica* (Hartig E. Rostrup. Eur. J. For. Path. 6, 153–166, 222–234, 1976
76 Gaertig, T.: Bodengashaushalt, Feinwurzeln und Vitalität von Eichen. Freiburger Bodenkundl. Abhandl. 40, 2001, 157 S.
77 Gäumann, E.: Die Rostpilze Mitteleuropas. Beiträge zur Kryptogamenflora der Schweiz, XII, Büchler, Bern, 1959, 1407 S.
78 Gerhard, E.: Der Große BLV-Pilzführer. BLV Buchverlag, München, 2006, 718 S.
79 Gibbs, J., van Dijk, C., Webber, J.: Phytophthora Disease of Alder in Europe. Forestry Commission Bull. 126, Edinburgh, 2003, 82 S.
80 Göring, M.C.: Zur Ätiologie der Valsa-Krankheit an Süßkirsche. Mitt. Biol. Bundesanst. 162, 1975, 76 S.,
81 Gruber, F.: Verzweigungssystem, Benadelung und Nadelfall der Fichte (*Picea abies*). Birkhäuser, Basel, 1990, 136 S.
82 – Der Fenstereffekt bei Fichte. Forst und Holz 43, 58–60, 1988.
83 Grüne, S.: Handbuch zur Bestimmung der europäischen Borkenkäfer. Schaper, Hannover, 1979, 182 S.
84 Guderian, R., Küppers, K., Six, R.: Wirkung von Ozon, Schwefeldioxid und Stickstoffdioxid auf Fichte

und Pappel bei unterschiedlicher Versorgung mit Magnesium und Kalzium sowie auf die Blattflechte *Hypogymnia physodes*. VDI Berichte 560, 657–701, Düsseldorf, 1985

85 Gussone, H.-A., Reemtsma, J.B.: Nährstoffmangel und erste Reaktionen auf Düngungen in Douglasien-Jungwüchsen. Der Forst- und Holzwirt 36, 476–481, 1981

86 Habermann, M.: Massenvermehrung der Nonne (*Lymantria monacha* L.) in Kiefernbeständen des nordöstlichen Niedersachsens. Forst und Holz 50, 558–564, 1995

87 – Schmidt, U.: Mortalität in Kiefernbeständen (*Pinus sylvestris* L.) nach Fraß des Kiefernspanners (*Bupalus piniarius* L.). Forst und Holz 59, 170–175, 2004

88 – Truchsess, A.: Buchen- und Eichenstubben als Bruthabitat des Sägehörnigen Werftkäfers (*Hylecoetus dermestoides* L.) im niedersächsischen Flachland. Forst und Holz 60, 150–154, 2005

89 Hanisch, B., Kilz, E.: Waldschäden erkennen, Fichte und Kiefer. Ulmer, Stuttgart, 1990, 334 S.

90 Hartig, R.: Lehrbuch der Baumkrankheiten, 2. Aufl., Springer, Berlin 1889, S. 273–275; Ders. – 3. Aufl., Springer, Berlin 1900, 324 S.

91 Hartmann, G.: Gefährdung von Douglasienkulturen durch Pilzkrankheiten in Nordwestdeutschland. Der Forst- und Holzwirt 32, 73–77, 1977

92 – Rostige Douglasienschütte und andere Nadelschäden an Douglasien in Norddeutschland, ein aktueller Bildbericht. Forst und Holz 43, 296–297, 1988

93 – Biologie von *Ophiostoma ulmi*. Forschungsberichte der Hessischen Forstl. Versuchsanstalt 16, 17–25, 1993

94 – Wurzelhalsfäule der Schwarzerle (*A. glutinosa*), eine bisher unbekannte Pilzkrankheit durch *Phytophthora cambivora*. Forst und Holz 50, 555–557, 1995

95 – Stand der Ursachenklärung der gegenwärtigen Absterbeerscheinungen an Eichen („Eichensterben“) in Deutschland. Berichte des Forschungszentrums Waldökosysteme der Univ. Göttingen, Reihe B, 68, 13–14, 2002

96 – Blank, R.: Winterfrost, Kahlfraß und Prachtkäferbefall als Faktoren im Ursachenkomplex des Eichensterbens in Norddeutschland. Forst und Holz 47, 443–452, 1992

97 – Blank, R.: Buchensterben auf zeitweise nassen Standorten unter Beteiligung von *Phytophthora*-Wurzelfäule. Forst und Holz 53, 187–193, 1998

98 – Blank, R.: Trockenheitsringe und Ringschäle in Douglasien-Stammholz. Forst und Holz 55, 744–746, 2000

99 – Blank, R.: Vorkommen und Standortbezüge von *Phytophthora*-Arten in geschädigten Eichenbeständen in Nordwestdeutschland. Forst und Holz 57, 539–545, 2002

100 – Blank, R.: Wurzelhalsfäule der Buche durch *Phytophthora cambivora*. Schäden, gefährdete Standorte und betroffene Baumarten in Nordwestdeutschland. Forst und Holz 60, 139–144, 2005

101 – Thomas, F.: Ernährungszustand von Kiefern mit Nadelvergilbungen

im nordwestdeutschen Flachland. Forst und Holz 48, 667–671, 1993

102 – Schmid-Mölholm, J.: Wurzelfäule durch Wurzellorchel (*Rhizina undulata*) in Kiefern- und Douglasienkulturen auf einer Waldbrandfläche. Forst und Holz 52, 449–451, 1997

103 Heininger, U., Schmidt, M.: Association of *Tiarosporella parca* with needle reddening and needle cast in Norway Spruce. Eur. J. For. Path. 19, 144–150, 1989

104 Heinsdorf, D.: Neue Kiefernschäden. Verstärkt auftretende Kiefernschäden in Mecklenburg-Vorpommern und im nördlichen Brandenburg. Der Wald 42, 16–19, 1992

105 Hering, E.M.: Bestimmungstabellen der Blattminen von Europa einschließlich des Mittelmeerbeckens und der Kanarischen Inseln. Bd. 1–3, Junk, Gravenlage, 1957, 1230 S.

106 Hoffmann, G. Heinsdorf, D.: Depositionsgeschehen und Waldbewirtschaftung. Der Wald 40, 208–213, 1990

107 – Krauss, H. H.: Wirkung atmogener Stickstoffeinträge auf Produktivität und Stabilität von Kiefern-Forstökosystemen. Beiträge für die Forstwirtschaft 24, 59–73, 1990

108 Hofmann, C., Förster, H., Rehfuess, K.-E.: Bodenkundliche und hydrologische Untersuchungen in den Hochlagen des inneren bayerischen Waldes. Ein Beitrag zur Aufklärung der montanen Vergilbung von Fichtenbeständen. Schriftenreihe der Forstwiss. Fakultät München und der Bayerischen Landesanst. für Wald und Forstwirtschaft 139, 1994, 258 S.

109 Hüttl, F.: Die Nährelementversorgung geschädigter Wälder in Europa und Nordamerika. Freiburger Bodenkundliche Abhandlungen 28, 1991, 440 S.

110 Innes, J.L., Skelly, J.M., Schaub, M.: Ozon, Laubholz- und Krautpflanzen. Ein Führer zum Bestimmen von Ozonsymptomen. Haupt, Bern, 2001,136 S.

111 Jahn, H.: Mitteleuropäische Porlinge und ihr Vorkommen in Westfalen. Westfälische Pilzbriefe, IV, 1963, Bibliotheca Mycologica 29, Lehre 1970

112 – Steroide Pilze in Europa. Westfälische Pilzbriefe, VIII, 69–176, 1971

113 – *Phellinus hartigii* (All. & Schn.) Pat. und *P. robustus* (P. Karst.) Bourd. G.. Westfälische Pilzbriefe, XI, 1–15, 1976

114 – Die Gattung *Onnia* P. Karst., Filzporlinge. Westfälische Pilzbriefe, XI, 79–93, 1978

115 – Pilze an Bäumen. 3. Aufl. (bearbeitet von H. Reinartz, M. Schlag), Patzer, Berlin/Hannover, 2005, 276 S.

116 Janse, J.D.: The bacterial disease of ash (*Fraxinus excelsior*) caused by *Pseudomonas syringae*, ssp. *savastanoi* pv. *fraxini* I, II. Eur. J. For. Path. 11, 306–315, 1981

117 Janssen, T., Wulf, A.: Zur Bedeutung von Misteln im Forstschutz. Mitt. Biol. Bundesanst. 369, 1999, 142 S.

118 Johnson, W.T., Lyon, H.H.: Insects that feed on trees and shrubs. Comstock, Cornell Univ. Press, Ithaca/London, 1991, 556 S.

119 Jung, J., Riehle, G.: Beurteilung und Behebung von Ernährungsstörungen bei Forstpflanzen. BLV, München, 1969, 52 S.

120 JUNG, T.: Die *Phytophthora*-Erkrankung der europäischen Eichenarten. Lincom, München, 1998, 143 S.
121 – Die Rolle von *Phytophthora*-Arten im Krankheitskomplex Eichensterben unter besonderer Berücksichtigung verschiedener Standortfaktoren. Ber. Forschungszentrum Waldökosysteme der Univ. Göttingen, Reihe B., 68, 15, 2002
122 – Wurzel- und Stammschäden an Buchen (*Fagus sylvatica* L.) durch bodenbürtige *Phytophthora*-Arten in Bayern. Forst und Holz 60, 131–139, 2005
123 – BLASCHKE, M.: *Phytophthora*-Wurzelhalsfäule der Erlen. Merkbl. Nr. 6 der Bayer. Landesanst. für Wald und Forstwirtschaft, Freising, 2001, 2 S.
124 – – Ausmaß und Verbreitung der *Phytophthora*-Erkrankung der Erlen in Bayern. Forst und Holz 58, 246–251, 2005
125 KANDLER, O., SENSER, M.: Eichenvergilbung im Raum München. Rundgespräche der Kommission für Ökologie Bd. 5, 153–168, Pfeil, München, 1993
126 KAUSCH-BLECKEN V. SCHMELING, W.: Der Speierling. Selbstverlag, 37120 Bovenden, 2000, 183 S.
127 KEHR, R. D.: Pezicula-Krebs der amerikanischen Roteiche. Forst und Holz 46, 408–410, 1991
128 – Pezicula canker of *Quercus rubra* L. caused by *Pezicula cinnamomea* (DC) Sacc. Eur J. For. Path. I: 21, 218–233, 1991; II: 22, 29–40, 1992
129 KELLER, T.: Zur Phytotoxicität von Fluorimmissionen für Holzarten. Mitt. Eidg. Anst. forstl. Versuchswesen 51, H. 2, 302–331, 1975
130 – Oberirdische Wirkungen von Luftschadstoffen auf Bäume und Pflanzenteile. In: SCHMIDT-VOGT, H. Die Fichte, Bd. II/2, 280–314, 1989
131 KINZEL, H.: Pflanzenökologie und Mineralstoffwechsel. Ulmer, Stuttgart, 1982, 534 S.
132 KLIMETZEK, D., VITÉ, J.P.: Tierische Schädlinge. S. 40–133, In: SCHMIDT-VOGT, H.: Die Fichte. 1989 (s. dort)
133 KLINKOWSKI, M., MÜHLE, E., REINMUTH, E., BOCHOW, H.: Phytopathologie und Pflanzenschutz Bd. III, Akademie-Verlag, Berlin, 1976, 914 S.
134 KORHONEN, K., HOLDENRIEDER, O.: Neue Erkenntnisse über den Wurzelschwamm (*Heterobasidion annosum* s. l.). Forst und Holz 60, 206–211, 2005
135 KRAHL-URBAN, J.: Die Eichen. Parey, Hamburg/Berlin, 1959, 288 S.
136 KRAUSE, G.H.M., PRINZ, B.: Experimentelle Untersuchungen der LIS zur Aufklärung möglicher Ursachen der Neuartigen Waldschäden. LIS-Bericht 80, 1989, 216 S.
137 KREISEL, H.: Die Phytopathogenen Großpilze Deutschlands. Fischer, Jena, 1961, J. Cramer, Vaduz, 1979, 248 S.
138 KREUTZER, K.: Die Wirkung des Manganmangels auf die Farbe, die Pigmente und den Gaswechsel von Fichtennadeln (*Picea abies* Karst.). Forstwiss. Centralbl. 91, 80–98, 1972
139 KRIEGL, M.: Zur Biologie und Parasitierung der Blattwespe *Hemi-*

chroa crocea (Geoffr.), eines Schädlings der Grünerle in den Alpen. Anz. Schädlingskunde 37, 153–156, 1964

140 KRIEGLSTEINER, G.: Die Großpilze Baden-Württembergs, Bde. 1–4, Ulmer, Stuttgart, 2000–2003, 2350 S.

141 KRUEL, W., TEUCHER, G.: Die tierischen Feinde der Douglasie. In: GÖHRE, K. (Hrsg.): Die Douglasie und ihr Holz. Akademie-Verlag, Berlin, 1958, 595 S.

142 LANDMANN, G., BONNEAU, P., BELLEMÈRE, A.: Forest decline and air pollution effects in the french mountains. Springer, Paris, 1995, 461 S.

143 LANIER, L., JOLY, P., BONDOUX, P., BELLEMÈRE, A.: Mycologie et pathologie forestières, 2, Masson, 1976, 478 S.

144 LARCHER, W.: Ökophysiologie der Pflanzen. Ulmer, Stuttgart, 1994, 394 S.

145 – HÄCKEL, H.: Meteorologische Pflanzenpathologie. In: SORAUER, P.: Handbuch der Pflanzenkr. Bd. 1, T. 5, Parey, Berlin/Hamburg, 1985, 326 S.

146 LARSEN, J.B.: Die Frostresistenz der Douglasie (*Pseudotsuga menziesii* [Mirb.] Franco) verschiedener Herkünfte mit unterschiedlichen Höhenlagen. Silvae Genetica 27, 150–156, 1978

147 LEH, H.O.: Diagnose nichtparasitärer Umweltschäden bei Pflanzen. Nachrichtenbl. Deut. Pflanzenschutzdienst 43, 3–9, 1991

148 LEITH, I.D., FOWLER, D.: Urban distribution of *Rhytisma acerinum* (Pers.) Fries (tar spot) on sycamore. New Phytologist 108, 175–181, 1987

149 LONSDALE, D., WAINHOUSE, D.: Beech bark disease. Forestry Com. Bull. 69, HMSO, London, 1987

150 LYR, H.: Die Krankheiten der Douglasie. In: GÖHRE, K.: Die Douglasie und ihr Holz. Akademie Verlag, Berlin, 369–401, 1958

151 LYR, H., FIEDLER, H.-J., TRANQUILLINI, W.: Physiologie und Ökologie der Gehölze, Fischer, Jena/Stuttgart, 1992, 620 S.

152 MARCAIS, B., CAEL, O., DELATOUR, C.: Die Rolle des Spindeligen Rüblings in den Eichenwäldern Nordost-Frankreichs. AFZ. Der Wald 55, 364–367, 2000

153 MARTINSSON, O. The influence of pine twist rust (*Melampsora pinitorqua*) on growth and development of Scots pine. Eur. J. For. Path. 15, 103–110, 1985

154 MASCHNING, E., PEHL, L.: Bedrohung autochtoner Latschen durch *Dothistroma*-Nadelbräune. Allg. Forstz. 49, 249–252, 1994

155 MATSCHKE, J., HINNAH, S.,ALBERS, F., AMENDA, R.: Schädigung der Gehölze durch Zelldefekte in den Meristemen. Angew. Botanik 68, 71–78, 1994

156 MENG, W.: Baumverletzungen durch Transportvorgänge bei der Holzernte. Schriftenreihe der Landesforstverw. Baden-Württemberg 53, 1978, 156 S.

157 METZLER, B., VON ERFFA, R.: Zur Verbreitung von Buchenkrebs in Naturverjüngungen in Baden-Württemberg. Einfluß von Überschirmung und Standortsfaktoren. Forstwiss. Centralblatt 119, 297–309, 2000

158 Minter, D, Millar, C.S.: Ecology of three *Lophodermium* species on secondary needles of *Pinus sylvestris*. Eur. J. For. Path. 10, 169–181, 1980
159 Mooi, J.: Wirkung von SO_2, NO_2, O_3, und ihrer Mischungen auf Pappeln und einige andere Pflanzenarten. Der Forst- und Holzwirt 39, 438–444, 1984
160 Münch, E.: Das Erlensterben. Forstwiss. Centralbl. 58, 173–194, 230–248, 1936
161 Nageleisen, L.-M., Huart, O.: Problèmes sanitaires d'actualité en hetraie: la maladie du Hetre dans les Ardennes. Rev. For. Fr. 57, 249–254, 141, 2005
162 Niemeyer, H.: Wichtige Forstschädlinge erkennen, überwachen und bekämpfen. AID, Heft Nr. 1208, Bonn, 1994, 43 S.
163 Nienhaus, F.: Lärchen-Degneration durch Rickettsien-ähnliche Bakterien. Allg. Fortsz. 34, 130–132, 1979
164 – Viren, Mykoplasmen und Rickettsien. Uni-Taschenbücher 1361, Ulmer, Stuttgart, 1985, 264 S.
165 – Laubbaumvirosen. Waldschutz-Merkblatt 14, Parey, Hamburg/Berlin, 1989
166 – Hamacher, J.: Virosen in Eschen. Allg. Forstz. 45, 385–386, 1990
167 – Kiewnick, L.: Pflanzenschutz bei Ziergehölzen. Ulmer, Stuttgart, 1998, 460 S.
168 Nierhaus-Wunderwald, D.: Biologie der Buchdruckerarten. Wald und Holz 6/1992, 8 S.
169 – Die Hallimasch-Arten. Merkblatt für die Praxis Nr. 21, Eidgenössische Forschungsanstalt für Wald, Schnee und Landschaft (WSL), Birmensdorf, 1994, 8 S.
170 – Rindenbrütende Käfer an Weißtanne. Merkblatt Nr. 23, WSL, 1995, 8 S.
171 – Pilze in Hochlagen. Merkblatt Nr. 27, WSL, 1996, 8 S.
172 – Forster, B.: Rindenbrütende Käfer an Föhren. Merkblatt Nr. 31, 2000, 12 S.
173 Niesar, M., Hartmann, G., Kehr, R., Pehl, L., Wulf, A.: Symptome und Ursachen der aktuellen Buchenrindenerkrankung in höheren Lagen von Nordrhein-Westfalen. Forstarchiv 78, 107–116, 2007
174 Novak, V., Hrozinka, F., Stary, B.: Atlas schädlicher Forstinsekten. Enke, Stuttgart,1989, 126 S.
175 Pechmann, H. von, Graessle, E.: Untersuchungen über Bläuepilze an Kiefernholz. Forstwiss. Centralbl. 83, 257–320, 1964
176 Pehl, L., Butin, H.: *Dothistroma septospora*, ein neuer Schadpilz an der Bergkiefer. Allg. Forstz. 47, 758–760, 1993
177 – *Kabatina*-Nadelbräune: eine neue Pilzkrankheit der Tanne? Forst und Holz 48, 214–216, 1993
178 – Endophytische Pilze in Blättern von Laubbäumen und ihre Beziehungen zu Blattgallen (Zoocecidien). Mitt. Biol. Bundesanst., 297, Berlin, 1994, 56 S.
179 – Kehr, R., Wulf, A.: Zwei „neue Schadpilze". Taspo Magazin, Heft 7, 48–49, 2003
180 – Wulf, A.: *Mycosphaerella*-Nadelpilze der Kiefer. Schadsymptome, Biologie und Differentialdiagnose. Nachrichtenbl. Deut. Pflanzenschutzd. 53, 217–222, 2001

181 Petercord, R.: Die Buchenwollschildlaus als Auslöser der Buchenrindennekrose. Mitt. Forstl. Forschungsanst. für Waldökologie und Forstwirtschaft Rheinland-Pfalz 59, 53–62, 2006

182 Petrini, L.E.: *Rosellinia* species of the temperate zones. Sydowia 44, 169–281, 1993

183 Phillips, D.H.: Leaf cast of larch, *Meria laricis*. Forestry Commission Leaflet 21, 1963

184 Przybyl, K.: Fungi associated with necrotic apical parts of *Fraxinus excelsior* shoots. For. Path. 32, 387–394, 2002

185 Rack, K.: Untersuchungen über die Kiefernschütte. Z. Pflanzenkrankh. 70, I: 137 ff., II: 257 ff., 385 ff., 1963

186 – Frostanalyse in einer Douglasienkultur unter Berücksichtigung von *Phomopsis pseudotsugae*. Allg. Forst- u. J. Z. 145, 154–162, 1974

187 Rehfuess, K.E., Rodenkirchen, H.: Über die Nadelröteerkrankung der Fichte (*Picea abies* Karst.) in Süddeutschland. Forstwiss. Centralbl. 103, 248–262, 1984

188 Roloff, A.: Baumkronen, Verständnis und praktische Bedeutung eines komplexen Naturphänomens. Ulmer, Stuttgart, 2002, 62 S.

189 Ruetze, M. Heybroek, H.M.: Ulmensterben, Holländische Ulmenkrankheit, Dutch Elm Disease. Waldschutz-Merkblatt 11, Parey, Hamburg/ Berlin, 1987

190 Rust, S., Roloff, A.: Ursachen und Bedeutung von Eichen-Zweigabsprüngen. Berichte des Forschungszentrumes Waldökosysteme der Univ. Göttingen, Reihe B 68, S. 14, 2002

191 Ryman, S., Holmasen, I.: Pilze, S. 678–680: Gattung *Taphrina*. Thalacker, Braunschweig, 1992, 718 S.

192 Ryvarden, L., Gilbertson, R.L.: European Polypores, Synopsis Fungorum 6, Fungiflora, Oslo, Bd. 1, 1993, 1–387, Bd. 2, 1994, 388–743

193 Sachsse, H.: Kerntypen der Rotbuche. Forstarchiv 62, 238–242, 1991

194 Schimitschek, E.: Die Bestimmung von Insektenschäden im Wald. Parey, Hamburg/Berlin, 1955, 196 S.

195 Schmelzer, K.:, Zier-, Forst- und Wildgehölze. In: Schmelzer, K., Spaar, D. (Hrsg.): Pflanzliche Virologie, Bd. 4, 276–405, Akademie-Verlag, Berlin, 1977

196 Schmidt-Vogt, H. (Hrsg.): Die Fichte, Bd. II/2, Krankheiten, Schäden, Fichtensterben. Parey, Hamburg/Berlin, 1989, 607 S.

197 – Wachstum und Wurzelentwicklung von Schwarzerlen verschiedener Herkunft. Allg. Forst- und J.Z. 142, 149–156, 1971

198 Schmieden, U.: Forschungsbericht Forstpflanzenphysiologie. In: Auswertung der Waldschadensforschungsergebnisse (1982–1992)... Fortbildungszentrum Gesundheits- und Umweltschutz Berlin e.V., Erich Schmidt Verlag, Berlin, 1997

199 Schober, R.: Vom II. Internationalen Lärchenprovenienzversuch. Ein Beitrag zur Lärchenherkunftsfrage. Schriftenreihe aus der Forstl. Fakultät der Universität und der Nds. Forstl. Versuchsanstalt, Göttingen 49, 1977, 359 S.

200 Schöne, D.: Standort- und Immissionsbedingte Wachstumsstörungen bei Douglasien. Allg. Forstz. 47, 100–103, 1992
201 Schönhar, S.: Eichen- und Roteichenkrebs in Württemberg. Allg. Forstz. 6, 367–368, 1951
202 – Kernfäule verursachende Pilze in Kiefernbeständen Baden-Württembergs. Allg. Forst- u. J. Z., 141, 41–44, 1970
203 – Filzporlinge als Kernfäuleerreger an Nadelbäumen. Allg. Forstz. 38, 296, 1983
204 Schönherr, J., Krautwurst, K., Rössler, W.: Schadinsekten in Buchenaltholzbeständen. Allg. Forstz. 38, 1361–1364, 1983
206 Schulze, E.D., Beck, E., Müller-Hohenstein, K.: Pflanzenökologie. Spektrum Akademischer Verlag Heidelberg/Berlin, 2002, 846 S.
207 – Kreutzer, K., Ulrich, B.: Bilanz nach 10 Jahren Waldschadensforschung. Forst und Holz 48, 284–288, 1993
208 Schuck, H.J., Blümel, U., Geier, L., Schütt, P.: Schadbild und Ätiologie des Tannensterbens I. Wichtung der Krankheitssymptome. Eur. J. For. Path. 10, 125–135, 1980
209 Schumacher, J.: Untersuchungen über den Gesundheitszustand der Schwarzerle (*Alnus glutinosa* [L.] Gaertn.) im Nationalpark Vorpommersche Boddenlandschaft. Forstwiss. Beiträge Tharandt 16, Ulmer, Stuttgart, 2002, 183 S.
210 – Leonard, S., Grundmann, B.M., Roloff, A.: New alder disease in Spreewald biosphaere reserve – causes and incidental factors of an epidemic. Nachrichtenbl. Deut. Pflanzenschutzd. 58, 141–147, 2006
211 Schütt, P., Lang, K.J.: Buchenrindennekrose. Waldschutz-Merkblatt 1, Parey, Hamburg/Berlin, 1980
212 – Summerer, H.: Waldsterben-Symptome an Buche. Forstwiss. Centralbl. 102, 201–206, 1983
213 Schwarze, F., Engels, J., Mattheck, C.: Holzzersetzende Pilze in Bäumen. Rombach, Freiburg, 1999, 245 S.
214 Schwenke, W. (Hrsg.): Die Forstschädlinge Mitteleuropas, 1–5, Parey, Hamburg/Berlin, 1972–1986, 2123 S.
215 Schwertdfeger, F.: Die Waldkrankheiten. Parey, Hamburg, 1981, 486 S.
216 Seeholzer, M.: Rindenschäle und Rindenriß an Buche im Winter 1928/29. Forstwiss. Cbl. 57, 237–246, 1935
217 Seeling, U., Sachsse, H.: Abnorme Kernbildung bei Rotbuche und ihr Einfluss auf holzbiologische und holztechnologische Kenngrößen. Forst und Holz 47, 210–217, 1992
218 Seemüller, E., Lederer, W.: MLO-Associated Decline of *Alnus glutinosa*, *Populus tremula* an *Crataegus monogyna*. J. Phytopath. 121, 33–39, 1988
219 Siepmann, R.: Untersuchungen über *Calocera viscosa* Pers. ex Fr. als Wurzelfäuleerreger. Eur. J. For. Path. 13, 439–446, 1983
220 Sinclair, W.A., Lyon, H.H., Johnson, W.T.: Diseases of trees and shrubs. Comstock, Cornell Univ. Press, Ithaca/London, 1987, 575 S.

221 Skatulla, U.: Eichenschädlinge – Schwammspinner (*Lymantria dispar* L.). Waldschutz-Merkblatt 8, Parey, Hamburg, 1985
222 Skeffington, R., Roberts, M.: Effect of ozone and acid mist on Scots Pine and Norway Spruce. VDI-Bericht 560, 747–760, 1985
223 Stapp, C.: Pflanzenpathogene Bakterien. Parey, Berlin/Hamburg, 1958
224 Stephan, B. R.: Douglasienschütte. Waldschutz-Merkblatt 4, Parey, Berlin/Hamburg, 1981
225 – Osorio, M., Lang, K.J.: Nadelpilze der Fichte. Waldsschutz-Merkblatt 17, Parey, Berlin/Hamburg, 1991
226 Strittmatter, W.: Ökologische und biologische Studien an der Baumart Douglasie im Zusammenhang mit dem Auftreten von *Phaeocryptopus gäumannii* (Rohde) Petr.. Schriftenreihe der Landesforstverwaltung Baden-Württemberg 43, Stuttgart, 1974, 75 S.
227 Termorshuizen, A.J., Arnolds, E.J.M.: Geographical distribution of the *Armillaria* species in the Netherlands in relation to soil type and hosts. Eur. J. For. Path. 24, 129–136, 1994
228 Tesche, M.: Klimaresistenz. S. 279–306, In: Lyr et al. 1992 (s. dort)
229 Thomas, F.M., Büttner, G.: Der Ernährungszustand von Eichen in Niedersachsen. Forst und Holz 47, 464–470, 1992
230 – Blank, R., Hartmann, G.: Abiotic and biotic factors and their interactions as causes of oak decline in Central Europe. For. Path. 32, 277–307, 2002
231 – Brandt, T., Hartmann, G.: Leaf chlorosis in pedunculate oaks (*Quercus robur* L.) on calcerous soils resulting from limeinduced manganese/irondeficiency: soil conditions and physiological reactions. J. Appl. Bot. 72, 28–36, 1998
232 Truter, S.J.: Een voorlopig onderzoek naar de insterving van *Alnus glutinosa* (L.) Gaertner. Diss. Utrecht, 1947, 110 S.
233 Tubeuf, C. von: Tuberkulose, Krebs und Rindenbrand der Eschen- (*Fraxinus*) Arten und die sie veranlassenden Bakterien, Nectriapilze und Borkenkäfer. Z. Pflanzenkrankh. und Pflanzenschutz 46, 449–483, 1936
234 Ulrich, B., Mayer, R., Khanna, P., K.: Deposition von Luftverunreinigungen und ihre Auswirkungen in Waldökosystemen im Solling. Schriften der Forstl. Fakultät der Univ. u. der Nieders. Forstlichen Versuchsanstalt Göttigen 58, 1979
235 Van den Burg, J.: Foliar analysis for determination of tree nutrient status – a compilation of Data. Rijksinst. voor Onderzoek in de Bos en Landschapsbouw "De Dorschkamp", Wageningen, Nr. 414, 1985, 615 S., Nr. 591, 220 S.
236 Van Haut, H., Stratmann, H.: Farbtafelatlas über Schwefeldioxidwirkungen an Pflanzen. Girardet, Essen, 1970, 206 S.
237 Vollenweider, P., Ottiger, M., Günthardt-Goerg, M.S.: Validation of leaf ozone symptoms in natural vegetation using microscopical methods. Environment Poll. 124, 101–118, 2003

238 Wachter, H.: Über den Stammkrebsbefall an der europäischen Lärche. Forstwiss. Centralbl. 83, 257–281, 1964
239 – Frost als Ursache des Lärchensterbens. Forstarchiv 40, 53–62, 1969
240 Weisgerber, H.: Untersuchungen über *Pollaccia radiosa*, den Erreger der Triebspitzenkrankheit an Pappeln der Sektion Leuce Duby. Phytopath. Z. 66, 50–68, 1969
241 Wentzel, K.F.: Kritische Anmerkungen zu 10 Jahren Waldschadensforschung, Plausibilität oder Kausalität. Allg. Forstz. 47, 921–927, 1992
242 Winter, S., Nienhaus, F.: Identification of viruses from European beech (*Fagus sylvatica* L.) of declining forests in Northrhine-Westfalia (FRG). Eur. J. For. Path. 19, 111–118, 1989
243 Woodward, S., Stenlid, J., Karjalainen, R., Hüttermann, A.: *Heterobasidion annosum*. Biology, Ecology, Impact and control. CAB International, Oxon/New York, 1998, 589 S.
244 Wulf, A.: Pilzbedingte Blattkrankheiten an Ahorn. Schriften aus der Forstl. Fakultät der Univ. und der Nieders. Forstl. Versuchsanst. Göttingen 116, 1994, 115 S.
245 Yde-Andersen, A.: Host spectrum, morphology and geographic distribution of larch canker, *Lachnellula willkommii* – a literature review. Eur. J. For. Path. 9, 211–219, 220–228, 1979
246 Zycha, H.: Botrytisschäden an Nadelbäumen. Phytopath. Z. 43, 234–247, 1961

Register

Absprünge 161
Aceria eriobia 193
Adelges-Arten 34
Adernnekrose 194
Agelastica alni 232
Agrilus biguttatus 159, 175
– *viridis* 144
Ahorn 191-199
Algen 23
Alterung 10, 17, 59
Amylostereum areolatum 45
Apiognomonia errabunda 130
– *quercina* 171
– *tiliae* 217
Aplanobacter populi 244
Argyresthia fundella 95
Armillaria gallica 160, 190, 227
– *mellea* 190
– *ostoyae* 43, 84, 122, 190
Ascocalyx abietina 33, 72
– *laricina* 104
Asiphum tremulae 240
Aspe (s. Pappel)
Aspen-Blattnestlaus 240
Asteroma alneum 231
– *carpini* 218
Asteromella tiliae 217
Aureobasidium pullulans 173
Austernseitling 153

Bakterienbrand der Vogelkirsche 211
Bakterienkrebs 203, 244
Baumschwamm, rotrandiger 46
Bienenrosigkeit 87
Birke 220-224
Birkendegeneration 223
Birkenhexenbesen 224
Birkenporling 224
Birkenrost 221
Bjerkandera adusta 146, 152
Blastethia mughiana 66
Blastophagus piniperda, minor 56, 80
Blastotere [*Argyresthia*] *laevigatella* 103
Blattdeformation 132, 133, 168, 201, 219
Blattfleckung, braune an
– Ahorn 194
– Birke 222
– Buche 129-132, 136
– Eberesche (s. *Sorbus*) 225
– Eiche 165, 168, 170
– Erle 231
– Esche 202
– Hainbuche 218
– Linde 217
– Pappel 239
– Vogelkirsche 212
Blattfleckung oder -scheckung, gelbe an
– Ahorn 192
– Birke 223
– Buche 128, 131
– Eberesche (s. *Sorbus*) 225
– Eiche 167, 168, 172
– Pappel 238, 239
– Vogelkirsche 211
Blattschäden durch Insektenfraß an
– Buche 131
– Eiche 162, 163
– Erle 232
– Linde 215
– Pappel 240
Blattrandnekrosen an
– Ahorn 196
– Birke 223
– Buche 127, 134, 136
– Eiche 165, 169
– Esche 201
– Linde 216
Blattwespen an
– Fichte 27, 29
– Kiefer 52
– Linde 215
– Erle 232

Bläue 46, 86
Blitzschäden 37, 106, 178
Blumeriella jaapii 212
Blütenbildung, Kronenverlichtung durch 50, 100, 200
Bodenversauerung 16, 109, 126
Borkenkäfer an
- Buche 145, 148
- Douglasie 118
- Eiche 180-182
- Esche 204, 205
- Fichte 38-42
- Kiefer 79-82
- Lärche 107
- Tanne 98
- Ulme 208, 209
- Vogelkirsche 213
Botrytis cinerea 32, 103, 115
Brachonyx pineti 64
Brachyderes incanus 65
Brandkrustenpilz 155, 189
Braunfäule an
- Birke 224
- Douglasie 120, 121
- Eiche 185, 186
- Fichte 46
- Kiefer 87
- Vogelkirsche 213
Braunfleckengrind 243
Brunchorstia pinea 33, 72
Buche (s. Rotbuche)
Buchdrucker 38, 39
Buchenzierlaus 132
Buchenblattbräune 130
Buchenborkenkäfer 145
Buchenkrebs 138, 139, 150
Buchenkrebslaus 137
Buchenprachtkäfer 144
Buchenrindennekrose 140, 141
Buchenspringrüßler 131
Buchenwollschildlaus 140
Buchenzirpe (s. Zwergzikaden)
Bupalus piniarius 54, 55
Bürstenfichte 16
Caliroa annulipes 215
Calluna vulgaris 23
Calocera viscosa 121
Cenangium ferruginosum 74
Cephalcia abietis 29
Cercospora microsora 217
Chlorid (s. Salzschäden)
Chlorose 10, (s. auch Vergilbung)
Chlorwasserstoffschäden 136, 216, 223
Chrysomyxa abietis, *rhododendri* 18
- *pyrolata* 36
Cladosporium sp. 93,
- *herbarum* 173
Clethrionomys glareolus 143
Coleophora laricella 102
Coleosporium senecionis 61
Collybia fusipes 189
Contarinia baeri 63
Cristulariella depraedans 193
Cronartium flaccidum, *ribicola* 77
Cryphalus abietis 111
- *piceae* 98
Cryptococcus fagisuga 140
Cryptodiaporthe populea 243
Cryptorhynchus lapathi 234
Cryptosporiopsis sp. 100, 227
- *alnea* 230
- *grisea* 174
Cyclaneusma minus 59
Cytospora spp. 100, 104, 211, 227, 243

Dendroctonus micans 40
Dendrolimus pini 54, 55
Didymosphaeria petrakiana 217
Dioryctria abietella 36
Diplodia mutila 202
- *pinea* 73
Diplodia-Triebsterben 73, 202
Diplodina acerina 194
Diprion pini 52
Discula umbrinella 130
- *quercina* 171
Disculina vulgaris 230
Dothichiza-Rindenbrand 243

Dothistroma septospora 70
Douglasie 108-122
Douglasienschütte, rostige 113
– rußige 114
Douglasienwolllaus 110
Dreyfusia-Arten 97

Eberesche 225-227
Edwardsiana sp. 192
Eiche 158-190
Eichenfeuerschwamm 184
Eichenfraßgesellschaft 162, 163
Eichenholzbohrer, ungleicher 182
Eichenmehltau 172
Eichenprachtkäfer, Zweipunkt- 159, 160
Eichensplintkäfer 180
Eichensterben 159-161
Eichenwickler 162, 163
Einlauf 149
Elatobium abietinum 30
Elsbeere 227
Endocronartium pini 77
Endophytische Pilze 10, 130, 171, 217
Eopineus strobi 76
Eotetranychus tiliarum 215
Epinotia tedella 29
Epiphyt, -isch 10, 23, 173
Erannis defoliaria 162, 163
Erdmaus 143
Eriophyes macrotrichus 219
– *sorbeus* 226
Erlenblattkäfer, blauer 232
Erlenwürger 234
Erysiphe alphitoides 172
Erzglanzmotte 171
Esche 200-206
Eschenbastkäfer, großer 204
– bunter 205
Eschengrind 205
Eschenkrebs 203

Fadenblättrigkeit 201
Fagocyba cruenta 128
Farbkerne der Buche 149
Fensterfraß 11, 215, 240
Fichte 15-48, 240
Fichtenblattwespe, kleine 27
Fichtenborkenkäfer, achtzähniger 40
– gekörnter 111
– furchenflügliger 118
Fichtengallenlaus-Arten 34
Fichtengespinstblattwespe 29
Fichtennadelrost 18
Fichtennestwickler 29
Fichtenritzenschorf 27
Fichtenröhrenlaus 30
Fichtenrüßler, kleiner grüner 95
Fichtenzapfenwickler 36
Fichtenzapfenzünsler 36
Filzrasen, -gallen 193, 216
Fistulina hepatica 186
Fluorwasserstoff, Schaden an Kiefer 67
Fomes fomentarius 151
Fomitopsis pinicola 46
Forleule 54, 55
Foveostroma drupacearum 211
Frostschäden an
– Buche 133, 146
– Eiche 169, 173, 179
– Douglasie 111, 112
– Fichte 31
– Kiefer 66
– Lärche 102, 104
– Tanne 92
Frostriss, echter 146, 179
– falscher 183
Frostspanner, großer, kleiner 162, 163
Frosttrocknis 11, 24, 66, 92, 111
Fusicoccum quercus 174

Gallen 11, an
– Ahorn 193, 194
– Buche 130
– Eberesche 226
– Eiche 171
– Fichte 34
– Hainbuche 219
– Linde 216

Ganoderma lipsiense 152
Gemmamyces piceae 35
Gespinste 29, 162
Gilleteella cooleyi 110
Gnathotrichus materiarius 82
Grauschimmel 32, 74, 103, 115
Gremmeniella abietina 33, 72
– *laricina* 104
Grifola frondosa 187
Grünerlenblattwespe 232
Gymnosporangium cornutum 225
– *tremelloides* 225

Hagelschlag 31, 51
Hainbuche 218, 219
Hallimasch 87, 90, 156
– dunkler 43, 84, 122
– gelbschuppiger 160, 190, 227
Hartigiola annulipes 130
Hartröte der Eiche 186
Harzaustritt an
– Douglasie 109, 122
– Fichte 43
– Kiefer 65, 77, 84
Heliozela sericiella 171
Hemichroa crocea 232
Herbizidschäden 19, 58, 75, 168
Herpotrichia juniperi 30, 71
Herpotrichia parasitica 94
Heterobasidion annosum 47, 48, 84, 122, 227
Hexenbesen 11, an
– Birke 224
– Erle 233
– Lärche 105
– Tanne 96
Hörnling, klebriger 121
Holzbohrer, ungleicher 182
Holzfäulen an
– Birke 224
– Buche 150-155
– Douglasie 120, 121
– Eiche 184-189
– Elsbeere (s. *Sorbus*) 227
– Erle 234
– Esche 206
– Fichte 45-48
– Kiefer 87, 88
– Lärche (s. 121)
– Pappel 244
– Vogelkirsche 213
Holzfehler an
– Ahorn 199
– Birke, Erle, Pappel 224
– Eiche 175, 183
Honigtau 173
Hylecoetus dermestoides 147
Hylesinus crenatus 204
Hylobius abietis 78, 117
Hyloicus pinastri 54, 55

Immissionsschäden an
– Ahorn 195
– Birke 223
– Buche 129, 136
– Douglasie 109
– Fichte 16, 20, 22, 24, 26
– Kiefer 67
– Lärche 101
– Linde 216
– Pappel 238
– Tanne 90, 92
Inonotus hispidus 206, 227
– *radiatus* 234
Ips acuminatus 81
– *amitinus* 40
– *cembrae* 107
– *sexdentatus* 79
– *typographus* 38, 39

Johannistrieb 172, 173

Kabatiella apocrypta 194
Kabatina abietis 93
Kahlfraß 160, 162
Kalium-Mangel an
– Buche 127
– Eiche 165

– Fichte 21
– Kiefer 62
– Lärche 101
– Pappel 237
– Tanne 91
Kalkchlorose (s. Mangan/Eisen-Mangel)
Kammfichte 16
Kiefer 49-88
Kiefern Baumschwamm 88
Kiefernblattkäfer, schwarzer 64
Kiefernborkenkäfer, zwölfzähniger 79
– vielzähniger 82
Kiefernbraunporling 87, 120, 121
Kiefernbuschhornblattwespen-Arten 52
Kieferndrehrost 74
Kiefern-Feuerschwamm 88
Kieferngallmücke, nadelknickende 63
Kieferngraurüßler 65
Kiefernknospentriebwickler 75
Kiefernknospenwickler 66
Kiefernnadelblasenrost 61
Kiefernnadelscheidengallmücke 63
Kiefernnadelscheidenrüssler 64
Kiefernprachtkäfer, blauer 83
Kiefernrindenblasenrost 77
Kiefernrindenlaus-Arten 76
Kiefernschütte 68, 69
Kiefernschwärmer, -spanner, -spinner 54, 55
Kiefernwolllaus 76
Kienzopf 77
Kirschenblattrollvirus 128, 211, 223
Klapperschwamm 187
Knospensterben, -schaden 35, 75, 168
Kokons 52
Komplexkrankheit an
– Buche 125, 140
– Douglasie 109
– Eiche 159
– Fichte 16
– Tanne 90
Krause Glucke 121
Krebs, -wunde 12, an
– Buche 138, 150
– Eiche 176, 177
– Esche 203
– Lärche 106
– Pappel 244
– Tanne 96
Kronenverlichtung an
– Birke 220, 222, 223
– Buche 125, 134
– Douglasie 109, 113, 114
– Eiche 159-163
– Esche 200
– Fichte 16, 17, 27
– Kiefer 50-56, 68
– Lärche 100
– Pappel 236, 239
– Tanne 90
– Vogelkirsche 210, 212
Kupfer-Mangel 115
Kupferstecher 39
Kurztrieb 12, 101, 102, 124

Lachnellula willkommii 106
Lackporling, flacher 152
Laetiporus sulphureus 185, 213
Lametta-Symptom 16
Lärche 99-107
Lärchenblasenfuß 105
Lärchenborkenkäfer, großer 107
Lärchenkrebs 106
Lärchenschütte 103
Lärchenminiermotte 102
Lärchentriebmotte 103
Läuse an
– Buche 132, 137, 140
– Douglasie 110
– Eiche 168
– Fichte 30, 34
– Kiefer 61, 63, 76
– Pappel 240
– Tanne 97
Laspeyresia strobilella 36
Leberpilz 186
Lecanosticta acicola 70
Leperesinus varius 205

Leucaspis-Arten 61
Linde 214-217
Lindenblattwespe, kleine 215
Liosomaphis abietina 30
Lirula macrospora 27
– *nervisequia* 94
Lochfraß 232
Lophodermella sulcigena 69
Lophodermium abietis 17, 28
– *pinastri, seditiosum* 69
Luperus pinicola 64
Lymantria dispar 163
Lymantria monacha 53

Magnesium-Mangel an
– Buche 126
– Eiche 165
– Fichte 5, 22
– Kiefer 62
– Pappel 237
– Tanne 91
Mangan/Eisen-Mangel an
– Ahorn 191
– Eiche 164
– Fichte 19
– Kiefer 57
– Lärche 100
– Tanne 91
Mangan-Toxizität 109
Marssonina betulae 222
– *brunnea* 239
Mehltau an
– Ahorn 192
– Eiche 172
– Hainbuche 218
– Eberesche 226
Melampsora larici-populina 239
Melampsora pinitorqua 74
Melampsorella caryophyllacearum 96
Melampsoridium betulinum 221
Meria laricis 103
Meripilus giganteus 154
Microsphaera alphitoides 172
Microtus agrestis 143
Mikiola fagi 130
Minierfliegen 224
Minierfraß 29, 95, 102, 131
Monilia-Spitzendürre 211
Monostichella robergei 218
Mosaik, -virus 12, 128, 192, 211, 238
Mosaikschichtpilz 188
Mykoplasmen-ähnliche Organismen (MLO) 12, 231, 237
Mycosphaerella dearnessii, pini 70
– *laricina* 103
– spp. 60
Myxosporium devastans 221

Nadelröte 17, 28
Nadelfleckung an
– Douglasie, gelb 110, braun 113
– Fichte, gelb 18, 20
– Kiefer, gelb 60, 61, braun 64, 69, 70
– Tanne, braun 93
Nährstoffmangel an
– Ahorn 191
– Buche 126, 127
– Douglasie 109, 110, 115
– Eiche 164-166
– Fichte 19, 21-23
– Kiefer 57, 62
– Lärche 100, 101
– Pappel 237
– Tanne 91
Naßkern, pathologischer 90
Nectria cinnabarina 197
Nectria Krebs 138, 203
Neonectria coccinea 140
– *ditissima* 138, 203, 226
– *fuckeliana* 37
– *galligena* (s. *ditissima*)
Nekrose 12
Neodiprion sertifer 52
Nepo-Viren 167
Nonne 53
Nutzholzborkenkäfer, amerikanischer 82
– Laub- (Buchen-) 148
– linierter (Eichen-) 181

- gestreifter 42
- schwarzer 118

Operophtera brumata 163
Ophiostoma novo-ulmi 207
Ophiostoma piceae 46, 86
Orthotomicus laricis 82
Ozon-Symptome 20, 60, 129, 238

Panolis flammea 54, 55
Pachypappa tremulae 240
Pappel 235-244
Pappelbock, großer 241
- kleiner 242
Pappelmosaikvirus 238
Pappelschüppling 244
Pflaumen-Bandmosaikvirus 211
Pezicula cinnamomea 177
Pezicula-Krebs 177
Phacidium infestans 71
- *coniferarum* 116
Phaenops cyanea 83
Phaeocryptopus gaeumannii 114
Phaeolus spadiceus 87, 120
Phellinus hartigii 96
- *pini* 88
- *robustus* 184
Phelloporus triqueter 87
Phloeosporella padi 212
Pholiota populnea 244
Phoma macrostoma 202
Phomopsis Krankheit 116
Phomopsis quercina 174
- *scobina* 202
Phosphor-Mangel 91, 126, 127, 166
Phyllactinia guttata 218
Phyllaphis fagi 132
Phyllodecta vitellinae 240
Phyllosticta variegata 202
Phylloxera coccinea 168
Phytobia betulae 224
Phytophthora-Schäden an
- Ahorn 199
- Buche 5, 142, 156, 157
- Eiche 160
- Erle 228, 229
- Tanne 90
Phytoptus tetratrichus 216
Pineus pini 76
Piptoporus betulinus 224
Pissodes piniphilus 78
Pityogenes chalcographus 39,
- *bidentatus* 81
Pityokteines curvidens, spinidens 98
Pityophthorus pityographus 118
Plattenfichte 16
Pleuroceras pseudoplatani 194
Pleurotus ostreatus, salignus 153
Podosphaera clandestina 226
Pollaccia radiosa 241
Polydrosus atomarius 95
Polygraphus polygraphus 41
- *grandiclava* 213
„Posthorn“-Bildung 75
Potex , Poty-Viren 167
Prädisposition 13, 160, 243
Pristiphora abietina 27
Prolepsis 13, 16
Pseudomonas syringae 203, 211
Pucciniastrum epilobii 93

Rädertanne 96
Raublättrigkeit 13, 211
Rauchporling, angebrannter 140, 146, 152
Rebhuhnholz 188
Resseliella sp. 175
Rhabdocline pseudotsugae 113
Rhizina undulata 85
Rhizomorphen 13, 43
Rhizosphaera spp. 93, 94
- *kalkhoffii* 17, 28, 93
- *douglasii* 114
Rhyacionia buoliana 75
Rhynchaenus fagi 131
Rhytisma acerinum 195
Rickettsien-ähnliche Bakterien (RLB) 105

Riesenbastkäfer 40
Riesenporling 154
Rindenbrand 13, 174, 243
Rindenkrebs an
- Buche 138, 139, 150
- Eiche 176, 177
- Esche 203
- Lärche 106
- Pappel 244
- Tanne 96
Rindenrisse 146, 151, 179
Ringfleckenvirus, nekrotisches 211
Ringrisse (Ringschäle) 119
Risse im Stammholz 44, 119, 151, 183
Rosellinia mycophila 95
Rostpilze an
- Birke 221
- Eberesche 225
- Fichte 18, 36
- Kiefer 61, 74, 77
- Pappel 239
- Tanne 93, 96
Rotbuche 123-157
Rötelmaus 143
Rotfäule 47
Rotkern 149
Rotpustelpilz 197
Rotstreifigkeit 45
Rückeschäden 45
Rüsselkäfer, großer brauner 78, 117
Rußtau 173

Salzschäden 25, 67, 135, 196
Sacchiphantes-Arten 34
Saperda carcharias 241
- *populnea* 242
Sawadaea tulasnei, bicornis 192
Schabefraß 215
Schartenfraß 65
Scheckung 13, an
- Ahorn 192
- Birke 223
- Buche 128
- Fichte 20
- Kiefer 60
- Pappel 238
Schichtpilz, blutender 45
- runzliger 150, 176
Schildläuse 61, 140
Schillerporling, zottiger 206, 227
Schizodryobius pallipes 137
Schizophyllum commune 146
Schleimfluß an
- Ahorn 199
- Buche 140, 156
- Eiche 159, 177, 190
- Erle 228, 229
Schmetterlingsraupen an
- Eiche 162, 163, 171
- Fichte 29, 36
- Kiefer 53-55, 66, 75
- Lärche 102, 103
- Tanne 95
Schneeschimmel 30, 71
Schrotschusskrankheit 212
Schwammspinner 163
Schwärzepilze 173
Schwefeldioxidschäden an
- Ahorn 195
- Buche 136
- Fichte 26
- Kiefer 67
- Lärche 101
- Linde 216
- Tanne 92
Schwefelporling 178, 185, 213
Scleroderris lagerbergii 33, 72
- *laricina* 104
Sclerophoma pithyophila 35, 63, 64
- *xenomeria* 93
Scolytus intricatus 180
- *multistriatus* 208
- *scolytus* 209
Seitling, gelber 153
Seneszenz 13, 17, 59
Sirococcus conigenus 32
Sitzenbleiben von Knospen 35

Skelettierfraß 13, 240
Sommerlaubfall 134, 171, 220, 236
Sonnenbrand 146
Sorbus-Arten 225-227
Spaltblättling 146
Spätfrost 31, 112, 133, 169
Sparassis crispa 87, 121
Spechtschlag 175, 180
Speierling 226
Sphaeropsis sapinea 73
Spinnmilben 215
Spritzkern 149
Sprühfleckenkrankheit 212
Stammdeformation an
- Buche 137-139, 150
- Eiche 176, 183
- Esche 203
- Lärche 106
- Tanne 96
Stammrisse (s. Risse, Rindenrisse)
Stereum rugosum 150, 176
- *sanguinolentum* 45
Stereum-Krebs 150, 176
Stickstoff-Mangel 23, 91, 110, 166
Stigmina carpophila 212
Stockfäule 87
Strobenrindenlaus 76

Taeniothrips laricivorus 105
Tanne 89-98
Tannenborkenkäfer, kleiner 98
- krummzähniger 98
Tannenfeuerschwamm 96
Tannenkrebs 96
Tannenmistel 97
Tannennadelbräune 94
Tannennadelmotte 95
Tannennadelritzenschorf 94
Tannennadelsäulenrost 93
Tannensterben 90
Tannentrieblaus, einbrütige 97
Taphrina amentorum 233
- *betulina* 224
- *carpini* 219
- *epiphylla* 233
- *tosquinetii* 233
Taphrorychus bicolor 145
Teerfleckenkrankheit 195
Thecodiplosis brachyntera 63
Thekopsora areolata 36
Thysanophora penicillioides 93
Tiarosporella parca 28
T-Krankheit 175
Tobamo-Viren 167
Tortrix viridana 162, 163
Tracheomykose 14, 197, 208
Trespenmosaikvirus 128
Triebsterben an
- Ahorn 197
- Douglasie 112, 115-117
- Eiche 173, 174
- Esche 202
- Fichte 31-33
- Kiefer 51, 72-74
- Lärche 100, 103-105
- Pappel 241, 243
Trockenheit, Schäden, Prädisposition an
- Ahorn 196
- Birke 220
- Buche 134
- Douglasie 116, 119
- Eiche 169, 174
- Esche 201
- Fichte 17, 44
- Hainbuche 219
- Kiefer 59
- Linde 214
- Pappel 236, 243
Trypondendron domesticum 148
- *lineatum* 42
- *signatum* 181

Ulme 207-209
Ulmenkrankheit, holländische 207
Ulmensplintkäfer, kleiner 208
- großer 209
ultraviolette Strahlung 129
Ustulina deusta 155, 189

Valsa-Krankheit 211
Venturia macularis, populina 241
Vergilbung an
- Ahorn 191
- Birke 220
- Buche 126-128, 157
- Douglasie 109, 110
- Eiche 164-166, 169
- Erle 229, 231
- Fichte 18-23
- Kiefer 57-59, 62
- Lärche 100, 101
- Linde 214
- Pappel 236
- Tanne 91
- Ulme 207
Verticillium sp. 197
Virus-Infektionen an
- Ahorn 192
- Birke 223
- Buche 128
- Eberesche 225
- Eiche 167
- Esche 201
- Pappel 238
- Vogelkirsche 211
Viscum album ssp. *abietis* 97
Vogelkirsche 210-213

Wabenfäule 88, 187, 188
Wacholder 225
Waldgärtner 56, 80
Weidenblattkäfer, blauer 240
Weißfäule 14, an
- Buche 150-154
- Eiche 184
- Esche 206
- Fichte 45, 47
- Pappel 244
- Tanne 96
Weißfleckigkeit 193
Weißlochfäule (s. Wabenfäule)
Weißtanne 89-98
Werftkäfer, sägehörniger 147
Weymouthskiefernblasenrost 77
Wilsonomyces carpophilus 212
Wolkenkern 149
Wuchsanomalien an
- Birke 224
- Douglasie 115
- Eiche 168
- Erle 233
- Kiefer 58, 74, 75
- Lärche 105
- Tanne 96
Wundfäule 45
Wundgummi 210, 211
Wundkern 149
Wurzelfäule an
- Ahorn 199
- Buche 154-157
- Douglasie 122
- Eberesche 227
- Eiche 189, 190
- Erle 228, 229
- Fichte 43
- Kiefer 84, 85
Wurzellorchel 85
Wurzelrübling 189
Wurzelschwamm 47, 48, 84, 122, 227

Xanthomonas populi 244
Xyleborus dispar 182
- *monographus* 182
Xylobolus frustulatus 188
Xylosandrus germanus 118
Xyloterus (s. *Trypodendron*)

Zapfenrost 36
Zimtscheibe 177
Zopftrocknis 77, 161
Zunderschwamm, echter 151
Zweigabsprünge 161
Zwergläuse 168
Zwergzikaden 128, 192, 218